Dirk Kreuter

WAS ICH MEINEM 18-JÄHRIGEN ICH RATEN WÜRDE

Dirk Kreuter

WAS ICH MEINEM 18-JÄHRIGEN ICH RATEN WÜRDE

Mit diesem Buch
lernst du mehr als in
13 Jahren Schule

FBV

Bibliografische Information der Deutschen Nationalbibliothek
Die Deutsche Nationalbibliothek verzeichnet diese Publikation in der Deutschen Nationalbibliografie. Detaillierte bibliografische Daten sind im Internet über https://dnb.de abrufbar.

Für Fragen und Anregungen
info@m-vg.de

Wichtiger Hinweis
Ausschließlich zum Zweck der besseren Lesbarkeit wurde auf eine genderspezifische Schreibweise sowie eine Mehrfachbezeichnung verzichtet. Alle personenbezogenen Bezeichnungen sind somit geschlechtsneutral zu verstehen.

Originalausgabe
5. Auflage 2026

Türkenstraße 89
80799 München
Tel.: 089 651285-0

Redaktion: Astrid Treusch
Korrektorat: Anne Horsten
Umschlaggestaltung: Marc-Torben Fischer
Satz: ZeroSoft, Timisoara
Druck: GGP Media GmbH, Pößneck
Printed in Germany

ISBN Print 978-3-95972-345-9
ISBN E-Book (PDF) 978-3-96092-632-0
ISBN E-Book (EPUB, Mobi) 978-3-96092-633-7

Weitere Informationen zum Verlag finden Sie unter

www.finanzbuchverlag.de

Beachten Sie auch unsere weiteren Verlage unter www.m-vg.de

Inhalt

Für Lia & Ben

Vorwort

»Dirk! Wenn du noch mal 18 wärst, was würdest du tun?« oder »Was würdest du deinem 18-jährigen Ich raten?«

Solche Fragen kommen in jedem dritten Podcast-Interview, das ich gebe – und ich bin mittlerweile eine Person des öffentlichen Lebens und veröffentliche viele Podcast- und YouTube-Interviews. Jede Woche zwei, drei, manchmal sogar vier und mehr. Diese Fragen kommen immer, und ich finde sie gut.

Während ich dieses Buch schreibe, ist meine Tochter Lia 17 Jahre alt, mein Sohn Ben ist 14. Sie sind die Kinder aus meiner ersten Ehe und leben bei ihrer Mutter in Bochum. Was würde ich ihnen raten, wenn sie 16, 18, 20, 22 Jahre alt sind? Die Antworten – mit denen ich mich auch an alle ihre Altersgenossen wende – gibt es hier im Buch. Dabei ist mir natürlich bewusst, dass 16 bis 22 eine relativ große Spanne ist, in der junge Menschen verschiedene Phasen durchlaufen und unterschiedliche Anliegen haben. Daher steht im Titel des Buchs auch die »18«, da sich in diesem Alter – plus/minus einiger Jahre – viele der Themen konzentrieren, die ich in diesem Buch beschreibe.

Heute bin ich 52 Jahre alt. Aber ich fühle mich nicht so. Körperlich fühle ich mich wie 35, doch ich habe die Erfahrung eines 52-Jährigen. Und ich behaupte einmal ganz selbstbewusst: Meine Erfahrungen sind reichhaltiger als die der meisten anderen 52-Jährigen.

Warum? Weil manche Leute sagen, sie hätten 30 Jahre Erfahrung. Haben sie aber gar nicht. Sie treten in ein Leben ein, in dem sie im ersten Jahr Erfahrungen sammeln und viele Dinge ausprobieren. Doch danach fallen sie in eine Routine und wiederholen das erste Jahr ständig. Sie befinden sich ganz rasch in einer Schleife. Sie haben also keine 30 Jahre Erfahrung, sondern nur ein Jahr, das sie 29-mal wiederholt haben.

Was meine ich damit? Jemand wird Beamter, das ist ohne Wertung. Routine und Sicherheit sind ihm wichtig im Leben – genau deshalb ist er auch Beamter geworden. Diese Berufsentscheidung war ja kein Zufall. Ich verstehe das. Er bekommt eine Ausbildung, startet, wird Beamter – und macht dann jeden Tag das Gleiche. Er hat auch seinen Lieblingsurlaubsort und hat sich ein Eigenheim gekauft. Da passiert nicht viel.

Wenn diese Person auf ihr Leben zurückblickt, gibt es keine großen Erfahrungswerte. Das ist bei mir anders. Ich habe in verschiedenen Ländern gelebt, reise viel und habe durch meinen Beruf unglaublich viele interessante Persönlichkeiten kennengelernt. Menschen mit besonderen Glaubenssätzen, einer außergewöhnlichen Einstellung, neudeutsch würde man sagen: mit einem starken *Mindset* – und das färbt ab.

Deshalb ist jetzt der richtige Zeitpunkt, dieses Buch zu schreiben. Meine Kinder sind in dem entsprechenden Alter, und ich habe auch etwas zu sagen. Dieses Buch mit 30 Jahren zu schreiben, wäre Unsinn gewesen. Ich hätte es nicht schreiben können. Und wenn ich in meinem Beruf junge Menschen sehe, die mit 20, 23 auf einmal Coaches werden wollen, dann schmunzle ich etwas und zucke mit den Schultern. Die Grundvoraussetzung eines Coaches ist nämlich, dass er selbst nicht nur eine Methodenkompetenz hat, sondern auch eine entsprechende Lebenserfahrung, und das ist mit 20, 23 Jahren schwierig.

Die Fragen, die ich erhalte, kommen meistens von Männern oder Jungs, die mal Männer werden wollen. Das liegt sicherlich daran, dass ich selbst ein Mann bin und daran, dass meine Veröffentlichungen und Services tendenziell von Männern genutzt werden. Die Themen dieses Buchs sind aber universell und nicht vom Geschlecht abhängig. Anfangs wunderte ich mich oft über die Anliegen. Denn meistens sind es Fragen, die man seinem Großvater oder seinem Vater stellt. Aber offenbar funktioniert der Gesprächsaustausch in den Familien nicht mehr so richtig. Die Jugendlichen fragen nicht mehr ihre Eltern, zumindest nicht mehr alle. Und jetzt erreichen mich diese Angelegenheiten.

Dabei geht es, und das finde ich spannend, im Hintergrund immer um eins: Orientierung. Ich habe das schon vor ein paar Jahren festgestellt. Es geht nicht mehr um direktes, konkretes Wissen. In der heutigen Welt ist alles Wissen in Bibliotheken, bei Google, YouTube & Co. frei verfügbar – und auch in diesem Buch findet ihr wichtige Buchtipps. Es geht um Orientierung, Handlungshilfen, Leitplanken. Paradox ist dabei, dass es nie leichter war als heute, seinen Traum zu leben. Es gibt so viele Optionen. Aber gerade diese schier unendlichen Möglichkeiten, oftmals direkt in der Hosentasche in Form eines Smartphones, verwirren – sodass die jungen Menschen nach einer Richtschnur suchen, um auf Kurs zu bleiben. Diese Erkenntnis ist ein weiterer Grund für dieses Buch. Ich will Orientierung geben! Und ich bin davon überzeugt: Ich kann das besser als die meisten anderen.

Als ich gemerkt habe, dass es hier einen Aufklärungsbedarf gibt, habe ich ein paar Wochen gewartet, alles sacken lassen, nachgedacht – und dann die wesentlichen Fragen mit einem Video beantwortet. 40 Minuten im »Surf House« in Dubai, ganz allein aufgenommen, nur mit dem Smartphone im Stativ vor mir.

Natürlich hatte ich mich vorbereitet und auf einem Blatt die Struktur beschrieben – und dann ohne einen einzigen Schnitt die Szene abgedreht. Und wieder wurde ich von der Reaktion schier erschlagen. Nie hätte ich vermutet, dass dieses Video eine solche Reichweite erzielt. Die Jugendlichen schicken sich gegenseitig den Link bei WhatsApp, und sie schauen das Video – bis zum Ende. Wer hat heute schon die Geduld, ein 40 Minuten langes Video anzuschauen, in dem nichts passiert, außer dass du jemandem dabei zuschaust, wie er dir erzählt, was er mit 18 noch mal anders machen würde. Wer sieht so etwas bis zum Ende an? Man sagt, dass die Generation, die jetzt nachwächst, sich nicht mehr konzentrieren kann. Grund hierfür sei die Ablenkung durch allerlei digitale Errungenschaften, wie Computerspiele, Smartphone und Dutzende Social-Media- und Kommunikationskanäle, die man mit kurzen Meldungen oder gar nur Emojis füttert. Aber für ein 40-Minuten-Video reicht es noch, wow!

Daraufhin haben mich wieder Hunderte von Kommentaren und Hunderte weiterer Fragen erreicht. Auch deshalb gibt es dieses Buch. Den meisten reicht das 40-Minuten-Video offenbar nicht, sie wollen mehr. Für sie war es nur ein Einstieg in das Thema. Die, die mehr wollen – die erhalten jetzt diese Lektüre.

Noch eine Vorbemerkung: In der Frage »Wenn du heute noch mal 18 wärst, was würdest du anders machen?« steckt unterschwellig drin: »Du hast bestimmt viel falsch gemacht, welche Fehler würdest du nicht mehr wiederholen?« Das ist der falsche Blickwinkel. Denn was ist das Gegenteil von Erfolg? Das ist nicht Misserfolg. Misserfolg gehört nämlich zum Erfolg dazu. Das Gegenteil von Erfolg ist: nichts tun. Nichts tun oder besser gesagt: nichts Neues anzugehen, ist für mich auch gleichbedeutend mit »immer den sicheren Weg wählen«. Den einen Partner, die eine Partnerin und mit ihr/ihm das ganze Leben verbringen. Die eine Wohnung/das eine Haus im gleichen Wohnort und dort den Rest des Lebens wohnen. Der eine Urlaubsort und dort immer wieder hinfahren. Auf Beruf und Karriere übertragen heißt das ebenso, immer auf derselben, eingefahrenen Spur zu fahren und nichts mehr zu riskieren. Das ist für mich das Gegenteil von Erfolg: nichts tun, nichts Neues ausprobieren.

Thomas Edison, der als Erfinder der Glühlampe gilt, hat sinngemäß gesagt: »Ich hatte nicht 1000 Fehlversuche, sondern ich habe 1000-mal einen Weg gefunden, wie es nicht funktioniert.« Deshalb wäre ich heute nicht die Persönlichkeit, und ich hätte nicht den Erfolg, den ich habe, wenn ich nicht viele Fehler selbst gemacht hätte. Es gibt davon ein paar, die nenne ich »offensichtliche Wahrheit«. In manchen Situationen hätte ich mit einigem Nachdenken vorhersehen können, dass es so nicht funktioniert. Hinterher war jedenfalls alles völlig offenkundig. Ich habe es trotzdem ausprobiert und bin damit gescheitert. Gut, ich hätte es früher wissen können. Andere haben mir rechtzeitig gesagt, dass es so nicht funktionieren kann. Aber trotzdem ist es bis heute in vielen Fällen so, dass andere mir etwas raten, was für sie nicht funktioniert hat, doch ich will es für mich selbst herausfinden. Auch das ist übrigens eine wertvolle Erkenntnis, die ich weitergeben möchte. Bestimmte Dinge, bestimmte Erfahrungen, nach denen man sich besonders stark sehnt – das können Partnerschaften, Urlaubsorte, Erfahrungen oder Ereignisse aller Art sein –, muss man einfach machen; selbst wenn einiges dafürspricht, dass es nicht gut gehen wird. Doch sonst würden sie lange, mitunter ein ganzes Leben, als unerfüllte Wünsche im Kopf herumschwirren. Daher auch dieser Rat: Gebt diesen Begehren durchaus nach. Oft erweist sich das Ansinnen schnell als falsch, aber so ist es eben nach 14 Tagen abgehakt, als dass es einen noch auf Jahre beschäftigt.

Also noch mal: Die Fehler, die Misserfolge gehören zum Leben dazu, vor allem auch als wichtige Quelle von Erkenntnissen und als Meilensteine des eigenen Reifeprozesses. Genau diese Erfahrungen machen später eine Persönlichkeit aus – sodass ihr vielleicht auch einmal ein ganzes Buch darüber schreiben könnt. Aber bitte erst in 30 Jahren. Fehler und Misserfolge passieren; ja, am laufenden Band. Entscheidend ist vielmehr euer Umgang damit. Nicht was andere uns raten, zählt, sondern wie wir mit diesen Hinweisen und Meinungen umgehen und wie wir sie reflektieren.

Für wen ist das Buch gedacht? In erster Linie geht es mir natürlich um Jugendliche, und zwar die Altersgruppe von 15 bis 25. Ich wende mich aber auch an jene, die auch von »meiner Zielgruppe« gefragt werden – oder zumindest gefragt werden sollten, also an Eltern und Lehrer.

Liebe Eltern, in diesem Buch steckt kein Vorwurf, es ist kein Ratgeber. Doch wenn deine Tochter oder dein Sohn mit diesen Ideen auf dich zukommt, dann lehn das Buch nicht einfach ab, sondern lies es selbst oder schaue zumindest das YouTube-Video. Dann sprich mit deinem Kind darüber. Aber bevor du einen Gedanken einfach ablehnst, lass ihn zumindest einmal zu.

Liebe Lehrer, ihr verbringt so viel Zeit mit unseren Kindern, und ihr übertragt eure Meinungen. Ihr gebt nicht nur euer Wissen, sondern auch eure Glaubenssätze weiter. Immer wenn ihr mit den Kindern kommuniziert, schwingt auch eure Meinung, eure Überzeugung mit. Deswegen seid ihr Lehrer extrem wichtige Multiplikatoren. Die Kinder vertrauen euch und so werden Lehren geprägt. Und bei allem Respekt, Lehrer haben oft eine einseitige Sicht auf die Dinge – während ich einen anderen Blickwinkel habe, (m)einen Diskussionsbeitrag. Dabei geht es nicht um »besser« oder »schlechter«. Vielmehr habe ich andere Dinge erlebt als die allermeisten Lehrer – und zwar vor allem, weil ich einen anderen Beruf ergriffen habe. Die Berufswahl, und dies wird nicht zufällig ein wichtiger Bestandteil dieses Buchs sein, ist schließlich auch ein Spiegelbild unserer Persönlichkeit, unserer Werte und nicht zuletzt auch unserer Einstellung in puncto Risiko und – nennen wir es einmal – »Erlebnishunger«. Wer Lehrer wird, entscheidet sich für ein hohes Maß an Routine und Sicherheit im Leben, wenngleich die Stimmung in den Klassen durchaus herausfordernd sein kann. Lehrpläne und Lehrinhalte wiederholen sich Schuljahr für Schuljahr, der Tagesablauf ist sehr geregelt. Meiner Ansicht nach haben viele Lehrer vom Arbeitsmarkt und der Wirtschaft, von den Möglichkeiten, die es im Business heute gibt, und vom Tempo der Digitalisierung nur einen sehr begrenzten Einblick. Das ist an dieser Stelle kein Vorwurf, sondern einfach nur eine andere Sichtweise, die ich mit meinem Buch einnehme.

Zum Aufbau und Inhalt des Buchs: Zunächst gebe ich dir einen kurzen Überblick über die Inhalte des Videos. Dort spreche ich die aus meiner damaligen Sicht wichtigsten Aspekte an. Doch seit der Veröffentlichung ist ein gutes Jahr ins Land gegangen, ich habe viel Rücklauf, Anregungen und Fragen bekommen – und ich habe weiter nachgedacht. Das Thema hat mich nicht mehr losgelassen, und natürlich erschien permanent vor meinem geistigen Auge der 18-jährige Dirk von einst. Also habe ich mich entschieden, aus diesen Gedanken gleich ein Buch zu machen, sonst hätte es ja bei dem erfolgreichen Video bleiben können. Dabei habe ich viele Aspekte aufgegriffen und sie ausführlicher dargestellt, präzisiert und auch Verbindungslinien zwischen den einzelnen Punkten gezogen. Drei Kernpunkte und damit zentrale Kapitel haben sich in dieser Konzeption herausgebildet:

1. Meine persönliche Lebensgeschichte, vor allem rund um mein 18. Lebensjahr, in der ich viele Dinge reflektiere und nachzeichne, die ich für heute 18-Jährige als bedeutsam ansehe. Daran schließt sich mein weiterer Werdegang an, sodass daraus eine Art Mini-Autobiografie geworden ist.
2. Die Entwicklung der Persönlichkeit – die große Klammer um einen großen Teil von Beispielen und Ratschlägen. Wie erwähnt, stelle ich hier und im darauffolgenden dritten Kapitel auch einige der Aspekte aus dem Video ausführlicher dar.
3. Alles rund um das Thema Karriere und Geld, also wie du finanziell erfolgreich in Beruf, Selbstständigkeit und gar durch Unternehmertum wirst – und wie du mit deiner Ausbildung dafür den Grundstein legst.

Zusätzlich findet ihr in dem Buch die Gedanken von prominenten Unternehmern, Autoren und Coaches. Es sind allesamt gute Bekannte oder Geschäftsfreunde von mir, die ich gebeten habe, in kurzer Form ihre Ideen aufzuschreiben – die interessanterweise und unabgesprochen alle in »meine Richtung« gehen, aber die individuelle Sichtweise und vor allem die Erfahrungen und den Werdegang der jeweiligen Person widerspiegeln. Innerhalb des Buchs habe ich daher immer wieder die Statements dieser Experten eingeflochten, und es lohnt sich, sie alle zu lesen. Da kommt kaum etwas doppelt vor. Großen Dank an Julien Backhaus, Daniel Garofoli, Calvin Hollywood, Florian Homm, Jonas Köller, Christina Linke, Dirk Müller, Said Shiripour, Felix Thönnessen, Vanessa Wenk, Natalia Wiechowski und Dr. Dr. Rainer Zitelmann.

Was hier im Buch nicht drin steht, sind Ratschläge zu zwischenmenschlichen Beziehungen – etwas, was natürlich rund um die 18 besonders drängend ist. Darüber könnte ich sicherlich auch ganze Bücher schreiben, aber mein Schwerpunkt für dieses Werk ist ein anderer.

Ich wünschte, ich hätte dieses oder ein anderes Buch in den Händen gehabt, als ich 18 war. Es wäre vieles leichter gewesen und ich hätte einige negative Erfahrungen nicht machen müssen. Gleichzeitig betrachte ich die Irrwege (die es oft nur aus heutiger Sicht sind) oder Fehler in meinem Werdegang aber ganz und gar nicht mit einem weinenden Auge. Denn es waren wichtige Hürden, Meilensteine und Erfahrungen, die zu meiner Persönlichkeitsentwicklung beigetragen haben. Dieses Buch kann dabei helfen – ersetzt aber niemals die eigene individuelle Entscheidung und Reflexion auf dem Weg zum persönlichen Glück.

1. Was würde ich meinem 18-jährigen Ich raten?

Womit alles begann: das *18-Jahre-Video*

Ich produziere jede Woche zwischen drei und 30 Videos für meine eigenen Internetseiten oder Onlinekurse. Dazu kommen noch Podcastfolgen, Newsletter, Texte, Buchartikel und Fachbeiträge für Zeitungen. Für das Video, ich nenne es für mich das 18-Jahre-Video, wollte ich einen besonderen Ort haben. Mir fiel sofort das »Surf House« in Dubai ein.

Ich lebe in Dubai, und weil ich hier fast jeden zweiten Tag auf dem Surfbrett stehe und übers Meer gleite, kenne ich natürlich auch die lokalen Surfshops. Im »Surf House« gibt es eine kleine Bar, freundliche Leute und eine Menge Surfboards und Surfequipment. Ein Ort, an dem ich mich sehr wohlfühle. Dort habe ich alles aufgenommen. Die meisten meiner Videos sind sogenannte One-Takes. Das heißt, ich drücke auf Start und drücke am Ende auf Stopp. Normalerweise müssen meine Mitarbeiter dann nichts mehr schneiden. So auch in diesem Fall. Bevor ich jetzt immer wieder erkläre, was ich schon im Video erklärt habe, findest du es hier als Textpassage – wie erwähnt, etwas geglättet. Du kannst es dir natürlich auch direkt bei YouTube unter *http://bit.ly/18-jahre-video* anschauen und mit dem nächsten Kapitel weitermachen. Viel Spaß damit!

»Sag mal Dirk, wenn du 18 wärst, was würdest du deinem 18-jährigen Ich raten?«, »Dirk, ich bin 16. Welche Tipps hast du für mich?« oder: »Dirk, wenn du noch mal 18 wärst, was würdest du anders machen?«. Diese Fragen bekomme ich ganz oft gestellt – und darauf gebe ich jetzt meine Antwort. Die wird ein bisschen ausführlicher sein, aber dafür ist wirklich alles drin, was ich dazu zu sagen habe.

So, dieses Video nehme ich in Dubai im »Surf-House« auf. Ich liebe Surfshops, also nach Buchhandlungen sind sie direkt meine Nummer zwei – wobei Fahrradgeschäfte auch nah dran sind.

Als ich zwölf war, habe ich mit Windsurfen angefangen. Damals noch im Sauerland auf dem Biggesee, und am Anfang fand ich das nicht so witzig. Aber je besser ich wurde, desto mehr Spaß hat es gemacht. Und für mich war klar: mit 15, 16, 17 werde ich Surflehrer. Natürlich, ich werde Surflehrer: Meer, Sonne, Strand, Sport, den ganzen Tag nur in Shorts rumlaufen ... Das war meins. Also, wenn mich einer gefragt hat: »Was willst du mal werden?«, habe ich gesagt: »Ich werde Surflehrer.« Eindeutig – und ich kann es beweisen, weil ich ein ganz durchschnittliches Abschlusszeugnis von der Realschule habe, da ich während der letzten Jahre keine Lust mehr auf Schule hatte. Ich habe den Sinn in diesem Lernen nicht gesehen, weil ich ja Surflehrer werden wollte, und wofür braucht man dann Geometrie und andere Dinge?

Als ich mit der Schule fertig war, ging es darum: »So, Dirk, was machst du jetzt beruflich?«

Dann habe ich gesagt: »Ja, Surflehrer.«

Darauf haben meine Eltern erwidert: »Nee, jetzt mal ehrlich!«

»Ja Surflehrer.«

»Nein, du musst auch eine Ausbildung machen. Du musst ja was Ordentliches werden.«

Aber da habe ich mich nicht darum gekümmert. Ich bin von der Schule abgegangen und wusste nicht, was ich beruflich machen sollte. Meine Eltern haben gesagt: »Nee, also Surflehrer, das kannst du knicken, das wird nichts.«

Okay, es gab damals zwei Ausbildungen zum Surflehrer, die konnte man aber erst ab 18 machen. Und ich war noch keine 18, außerdem haben sie damals zwischen 5000 und 10 000 D-Mark (etwa 2500 bis 5000 Euro) gekostet. Soviel Geld hatte ich natürlich nicht, aber meine Eltern hätten es gehabt. Wie auch immer – was würde ich meinem »18-jährigen Ich« raten, und was rate ich dir, wenn du 16, 18, 20 oder 22 bist?

Ich rate dir: Folge deinem Herz, folge deinen Träumen. Was soll Schlimmes passieren? »Ich werde Surflehrer, ich gehe irgendwo in die Karibik, auf die Kanaren; irgendwohin«, und nach zwei, drei, fünf Jahren sage ich, das ist es doch nicht. Dann kann ich immer noch wiederkommen und eine Ausbildung machen oder das Abitur nachmachen oder, oder, oder ... aber, hey: Verschiebe deine Träume nicht!

Verschiebe deine Träume nicht!

Deswegen, hier im Surfshop, ist die Verbindung zu diesem Video einfach: Ich liebe Surfbretter, ich liebe das Surfen, Windsurfen, Wellenreiten, das Paddeln, Kitesurfen – das ist absolut meins.

Was bedeutet das für dich? Die ersten Fragen, die du dir stellen musst, sind:

- »Wer bin ich?« Ja, obwohl du so jung bist: »Wer bin ich?«
- »Was macht mir Spaß, was macht mir richtig Spaß?«
- »Was kann ich gut, was kann ich richtig gut?«

Lerne dich erst mal kennen. Wenn du so jung bist – du selbst empfindest das nicht als jung –, aber wenn du so jung bist, musst du dich erst mal selbst kennenlernen. Frag mal deine Eltern, deine Lehrer, deine Freunde, frag mal dein Umfeld, wer du bist. Also, wie nehmen sie dich wahr? Schau mal, dass du einen Abgleich erhältst zwischen deinem Selbstbild, wie du dich selbst siehst, und dem Fremdbild, wie dich andere sehen. Bei einer starken Persönlichkeit gibt es da ganz wenige Abweichungen.

Die Berufswahl

Also, »Wer bist du?«, »Was machst du gern?« ... Und jetzt kommen spannende Sachen! Es gibt 326 Ausbildungsberufe in Deutschland. Anerkannte Ausbildungsberufe: Bürokaufmann, Industriekaufmann, Fliesenleger und so weiter. Aber wer sagt, dass es so ein Beruf sein muss? Das ist ein altes Denken. Schau mal, meine Eltern sind in der Generation nach dem Zweiten Weltkrieg groß geworden. Da wurde gesagt: »Du brauchst gute Noten in der Schule, du brauchst am besten Abitur, dann studierst du und suchst dir schließlich einen Job in einem möglichst großen Unternehmen, und dort machst du Karriere – bis du irgendwann in Rente gehst.« Das ist der perfekte Lebensentwurf der Generation meiner Eltern gewesen – und das färbt natürlich ein bisschen auf meine Generation ab.

Ich habe früher auch gehört: »Dirk, mach Abitur und Dirk, studiere doch mal.« Aber das habe ich alles nicht gemacht – und jetzt kann ich dir ganz offen sagen: Heute ist es auch egal, dass ich kein Abitur und kein Studium habe. In meinem Team, unter meinen Mitarbeitern haben fast alle Abitur, einige haben ein abgeschlossenes Studium, aber ich nicht. Wenn ich etwas nicht weiß, dann suche ich mir Leute, die es wissen, und die bezahle ich dann dafür.

War das immer so? Nein, natürlich nicht. In den zehn Jahren nach meinem Schulabschluss hatte ich es immer wieder bereut, dass ich kein Abitur gemacht habe, dass ich nicht studiert habe, und ich hatte immer das Gefühl, dass ich etwas verpasst habe. Heute habe ich das nicht mehr, und heute bin ich auch ein Stück weit froh, dass ich meine Zeit nicht da hinein investiert habe.

Kommen wir noch mal zurück: Was kannst du richtig gut? Jetzt sagst du vielleicht: »Ja, ich kann gut Playstation spielen«, »Ich bin richtig gut beim Thema FIFA.« Jetzt gehst du zu deinen Eltern, und die sagen: »Ja, nee, also jetzt mach mal einen Ausbildungsberuf.«

Unsinn! Natürlich kannst du Profi-FIFA-Spieler werden – und damit auch Geld verdienen. Du kannst Spieleprogrammierer werden, du kannst Spieledesigner werden. Natürlich, du kannst bei den Firmen, die so etwas produzieren, anfangen und dort den ganzen Tag nichts anderes machen, als diese Spiele zu designen. Oder du hast einen YouTube-Kanal, du wirst YouTuber, und du erklärst, wie man FIFA spielt oder du spielst gegen andere. Die reichweitenstärksten YouTube-Kanäle sind die Gaming-Kanäle. Schau mal, ich habe jetzt 75 000 Abonnenten bei YouTube, und damit mache ich so zwischen 2500 und 3000 Euro YouTube-Prämie im Monat. So, das ist jetzt für meine Verhältnisse nicht so wirklich viel, aber das ist schon mal etwas, wovon man leben könnte – vor allem für einen jungen Menschen ist das schon recht ordentlich.

Und jetzt schau mal, wenn du einen reichweitenstarken Kanal bei YouTube hast, der eine Million oder fünf Millionen Abonnenten hat – und das geht mit so einem Gaming-Kanal –, dann verdienst du natürlich viele hunderttausend Euro, jedes Jahr. Das aber wissen deine Eltern nicht, das wissen auch deine Lehrer nicht.

Also, der Punkt ist dabei immer:

- Was kannst du richtig gut,
- was macht dir unglaublich viel Spaß,
- was lernst du schnell,
- womit hast du Lust, unheimlich viel Zeit zu verbringen,
- was würdest du auch tun, wenn es kein Geld dafür geben würde?

Das waren jetzt mal drei Beispiele, falls du dich für FIFA interessierst. Das sind natürlich keine Ausbildungsberufe, YouTuber ist kein Ausbildungsberuf. Aber es gibt genügend YouTuber, die Millionen verdienen. Und noch mal: Es ist kein Vorwurf gegen deine Eltern oder gegen deine Lehrer, dass sie das nicht wissen. Die meisten sind immer noch so unterwegs, dass sie sagen: »Nein, du musst studieren. Nein, du musst ja irgendwelche Zertifikate haben.« Nein, musst du nicht! Kommt drauf an, was du später machen willst. Aber grundsätzlich musst du das nicht machen.

Also rate ich dir:

- Erstens: Folge deinem Herzen.

- Zweitens: Mache mal eine Inventur. Wer bist du, was kannst du?

Wenn du einen Rat annimmst zum Thema Berufswahl, dann nimm ihn von jemandem an, der Ahnung hat – und damit meine ich nicht die Berufsberater von der Agentur für Arbeit oder im Berufsbildungszentrum. Denn die haben nur ihre 326 Ausbildungsberufe. Ich spreche von Leuten, die da sind, wo du hinwillst. Also nehmen wir noch mal das Beispiel mit dem FIFA-Spiel: Gehe doch mal auf eine Gaming-Convention, auf eine Computerspielemesse, und sprich mal mit Leuten, die bei den Herstellern arbeiten, die solche Spiele produzieren, die so etwas programmieren. Frage sie, wie das Tagesgeschäft aussieht, wie viel sie verdienen, was ihnen besonders viel Spaß macht, was die Schattenseiten sind. Und dann: Wie sind sie in den Job reingekommen, was raten sie dir, wie man in diesen Job reinkommt?

Das kannst du natürlich übertragen und dasselbe mit YouTube machen: YouTube veranstaltet immer wieder Workshops und zu denen werden die Leute eingeladen. Schau, dass du als Gast, als Begleitung, mit in so einen Workshop reinkommst, wo Leute sind, die eine Million oder mehr Abonnenten haben, Gamer zum Beispiel. Frage die Gamer, wie sie das gemacht haben und wie ihr Alltag aussieht. Was machen sie genau, welche Qualifikationen braucht man dafür, wie sind sie damals da reingekommen, wie haben sie den Kanal so aufgebaut, was raten sie dir? Also frage Leute, die da sind, wo du hinwillst, und nicht deine Eltern. Die haben da in der Regel keine Ahnung von.

> Nimm den Rat von jemandem an, der davon Ahnung hat.

Ich habe ein paar Buchtipps:

- Die erste Empfehlung ist natürlich mein Buch *Entscheidung: Erfolg. Erfolg ist immer zuerst eine Entscheidung*! Das Buch gibt es gratis auf www.dirkkreuter.com >> Seminare & Produkte >> Bücher/Ebook/Journale
- Dann *Das 1 × 1 der Persönlichkeit* von Lothar Seiwert und Friedbert Gay. Das ist ein älterer Titel und für wenige Euro, auch gebraucht, zu haben. In diesem Buch geht es um das DISG-Modell (Dominanz, Initiative, Stetigkeit und Gewissenhaftigkeit). Du kannst einen psychologischen Test machen und herausfinden, welcher Typ du bist.
- Das dritte Buch ist von Alex Fischer, *Reicher als die Geissens*. Dort gibt es eine Liste mit 14 Punkten, die du beachten solltest, wenn du herausfinden willst, welchen Sinn das Leben bringt. Dieses Buch gibt es gratis, nur gegen Versandkosten, unter www.bit.ly/achtzehn-alex-fischer.

Ziehe frühzeitig von zu Hause aus

Was habe ich richtiggemacht? Ich bin mit 17 zu Hause ausgezogen, habe meine eigene kleine, möblierte Mietwohnung gehabt, und das rate ich dir auch: *Ziehe frühzeitig aus*, wenn du 18, 20, 22 bist. Ziehe ein Stückchen weiter weg von deinen Eltern, vielleicht sogar in eine andere Stadt. Komme raus aus deiner Komfortzone, wenn du zu Hause wohnst: Mama kocht für dich, Mama räumt für dich auf, Mama geht einkaufen, Mama wäscht deine Wäsche. Wie willst du irgendwann erwachsen werden? Wie willst du dich als Persönlichkeit weiterentwickeln? Ziehe so früh wie möglich aus. Stehe auf eigenen Beinen. Ich habe mit 17 angefangen, mein eigenes Geld zu verdienen. Ich habe mich mit 17 schon komplett selbst finanziert. Ich habe einen Job in der Fabrik gehabt, und ich habe Akkord gearbeitet und gutes Geld dabei verdient. Ich habe mich schon mit 17, 18 Jahren komplett selbst finanziert. Von zu Hause ausziehen und sich selbst finanzieren, das bedeutet extrem viel Selbstvertrauen und Selbstbewusstsein. Du musst eine starke Persönlichkeit sein, und wann willst du damit anfangen? Ich habe damit mit 17 angefangen.

Betreibe Leistungssport

Seit ich 15 bin, habe ich Leistungssport gemacht, Ausdauersport, Triathlon. Ich rate dir dazu, eine Sportart zu finden, die dir liegt, und in jungen Jahren in dieser Sportart Vollgas zu geben. Warum? Weil Sport eine Charakter-Schule ist. Du lernst dich zu organisieren, du lernst Disziplin, du lernst, morgens aus dem Bett zu kommen, du lernst, gerade bei Outdoor-Sportarten, mit dem Wetter umzugehen: Kälte, Hitze, Regen, Dunkelheit. Beim Training verbringst du in Deutschland die Hälfte des Jahres in Dunkelheit. Also: Sport ist eine Charakter-Schule.

Meine Tipps sind:

1. Folge deinem Herzen! Lass dir nicht reinquatschen!
2. Ziehe frühzeitig aus!
3. Verdiene Geld!

> **Wo ein Wille ist, ist ein Weg. Wer nicht will, findet Ausreden.**

Geld verdienen, das geht auch neben dem Studium, der Schule, dem Abiturmachen oder der Lehre. Du kannst

Geld verdienen und bitte erzähle jetzt nicht: »Ich kann nicht ausziehen, weil ich nicht so viel Geld habe.« Das ist falsch. Die Frage ist doch: Was musst du tun, damit du dir die eigene Wohnung leisten kannst? Sonst ist es nur eine Ausrede.

Was würde ich anders machen?

Was würde ich anders machen? Ich würde mich viel früher mit meiner Berufswahl beschäftigen. Spätestens mit 14, 15 solltest du überlegen, was du später gerne machen möchtest. Mache Praktika. Sprich mit Leuten, die den Beruf ausüben, für den du dich interessierst. Sprich mit denen, die das erstens schon lange tun und zweitens erfolgreich sind. Nicht mit den Losern. Die Loser raten davon ab. Aber die, die lange dabei sind, die erfolgreich sind, die können dir konkret etwas dazu sagen. Also frage die, die da sind, wo du hinwillst.

Gehe ins Ausland

Gehe ins Ausland! Das ist ein ganz wichtiger Tipp: Gehe nach der Schule für zwei oder drei Jahre ins Ausland. Lerne andere Kulturen kennen, sprich eine andere Sprache, komme aus deiner Komfortzone heraus. Keine Mama, Papa, keine Freunde. Du musst dich komplett neu behaupten, und das lässt deine Persönlichkeit wachsen. Viele investieren in den Körper, gehen

Gehe ins Ausland, und du bekommst einen anderen Blick. Du findest Ideen, was du machen könntest, und bekommst Chancen, die du sonst nicht hättest.

immer ins Gym und wollen, dass die Muskeln wachsen – ich selbst habe ja bereits den Leistungssport ins Feld geführt, der so wichtig ist. Aber noch viel wichtiger, als dicke Muskeln zu haben, ist es, »oben« ein dickes Selbstbewusstsein zu haben, ein starkes *Mindset*, eine ausgeprägte Persönlichkeit.

Raus aus der Komfortzone, du musst dich weiterentwickeln!

Dietrich Mateschitz, Gründer von Red Bull und Multimilliardär, ist der mit Abstand reichste Österreicher. Er hat in den 1980er-Jahren als Marketingmanager in Thailand gearbeitet und dort in einer Zeitung gelesen, wer die zehn reichsten Thailänder sind. Unter ihnen war eine Familie, die Energydrinks hergestellt hat. Daraufhin sagte sich Mateschitz: »Wie bitte, Energydrinks?! Und damit sind sie die reichsten Thailänder geworden?« Damals gab es in Deutschland nur Isostar, wer sich noch daran erinnern kann. 1990 habe ich zum ersten Mal Red Bull getrunken.

Schule oder Studium abbrechen?

Häufig bekomme ich solche Fragen gestellt: »Dirk, soll ich meine Schule zu Ende machen, soll ich mein Abi zu Ende machen, soll ich mein Studium zu Ende machen, soll ich meine Lehre zu Ende machen?« Das kann ich nicht entscheiden, das musst du selbst entscheiden. Aber ich kann dir sagen: Im Triathlon gibt es etwas, das nennt sich DNF. Da hast du die Ergebnislisten der Rennen, und dann steht hinter dem

Namen der Teilnehmer manchmal »DNF«, »Did not finish«, »Hat das Rennen nicht beendet«. Eine Verletzung, ein Unfall, eine technische Panne oder der Sportler hat aufgegeben. Das ist ganz spannend – die Vorbilder meiner Jugend, das waren Triathleten: Dave Scott oder Scott Tinley, bei denen gab es nie ein »DNF« auf der Ergebnisliste. Niemals, egal wie schlecht sie drauf waren, egal was passiert ist. Sie haben das Rennen immer beendet. Immer! Denn wenn du einmal anfängst, ein Rennen abzubrechen, weil es im Kopf nicht passt – aufzugeben –, dann ist es nachher viel einfacher, das wieder zu tun. Also gib nicht auf.

Es ist allerdings etwas anderes, wenn du etwas anfängst und dann während der ersten Wochen feststellst, du hast dich verirrt, verlaufen, es war ein Fehler. Dann kannst du aufgeben. Dann kannst du sagen: »Okay, ich korrigiere das.« Aber nicht, wenn du schon seit eineinhalb Jahren die Lehre machst. Dann ist es ein Aufgeben.

Oder beim Abitur: Du hast noch vier Monate bis zur Prüfung ... dann ist es aufgeben. Oder, wenn du schon vier Semester studiert hast, dann ist es aufgeben. Bitte lerne, etwas durchzuziehen, nicht einfach aufzugeben. Das ist ganz wichtig. Du siehst das auch bei der Scheidungsquote von Ehen. Wir haben in Deutschland eine sehr hohe Scheidungsquote von 33 Prozent. Aber wenn du dir das mal genau anguckst, dann werden nicht 33 Prozent der Menschen geschieden, sondern 33 Prozent der Ehen. Und wer sich einmal hat scheiden lassen, für den ist die Hürde, sich ein zweites, drittes, viertes Mal scheiden zu lassen, viel geringer. Streich »DNF«! Ziehe die Dinge durch, die du dir vorgenommen hast.

Sollst du dein Abitur abbrechen, sollst du deine Lehre, dein Studium abbrechen? Das kann ich dir nicht sagen. Es kommt darauf an, wohin du willst. Du musst vom Ende her denken. Was willst du oder wer willst du sein? In fünf Jahren, in zehn Jahren, in zwanzig Jahren? Wie willst du leben? Bitte, wenn du in einem großen Konzern arbeiten möchtest, dort Karriere machen willst als Angestellter: Dann ziehe dein Abitur und ein Studium durch. Wenn du aber weißt, du willst Unternehmer werden, wenn du weißt, du willst als Selbstständiger, als Freelancer arbeiten, dann brauchst du das Studium nicht. Nicht unbedingt, du brauchst auch das Abitur nicht unbedingt.

Du musst vom Ende her denken.

Das Abitur ist unter anderem deshalb hilfreich, weil du normalerweise zu dem Zeitpunkt, zu dem du es machst, noch sehr jung bist und auch als Persönlichkeit noch nicht so gereift bist. Und wenn du zumindest das Abitur hinter dir hast, dann bist du auch schon mal ein bisschen weiter als Persönlichkeit. Deswegen ist das Abitur durchaus etwas, was Sinn ergibt, zu Ende zu bringen. Aber eine Lehre oder ein Studium zu Ende zu bringen, obwohl du sowieso weißt, dass du später nicht als Angestellter arbeiten möchtest – das brauchst du nicht. Mache da einen Haken dran, raus da.

Warum, warum?

Du musst bei allem, was du tust, dein Warum klären. Warum willst du das machen, warum willst du Unternehmer werden, warum selbstständig, warum als Angestellter arbeiten? Kläre immer zuerst dein Warum. Wenn das Warum nicht geklärt ist, dann hast du nachher immer mit dem Thema Motivation zu tun, es bleibt eine Baustelle. Lass uns mal kurz unterscheiden: Was ist ein Angestellter, ein Selbstständiger und ein Unternehmer?

- Also: Angestellter zu sein bedeutet relativ wenig Risiko. Du tauschst deine Zeit gegen das Geld des Arbeitgebers, der sagt, was du zu tun hast.
- Selbstständig zu sein heißt: du selbst, aber dafür ständig. Du machst dein Ding.
- Unternehmer sein bedeutet, du hast eine Menge Mitarbeiter, und die Mitarbeiter sind produktiv für dich. Du hast ein Geschäftsmodell entwickelt, und deine Mitarbeiter setzen das für dich um.

Wer von denen verdient am meisten? In allen drei Bereichen kannst du viel Geld verdienen, mehr Geld, als du ausgeben kannst, aber am allermeisten als Unternehmer. Von 100 Millionären sind weltweit 98 Unternehmer, in Deutschland sind es 95 von 100. So, und wenn du jetzt sagst: »Ich will mein eigener Chef sein, deswegen will ich selbstständig sein, ich will immer selbst entscheiden, was ich tue«, dann vergiss das mal ganz schnell. Auch ich als Chef kann nicht tun und lassen, was ich will, sondern meine Mitarbeiter fordern von mir, dass ich pünktlich da bin, dass ich meine Sachen pünktlich abliefere, dass ich genügend YouTube-Videos aufnehme und Podcasts produziere, Bücher schreibe, dass auf der Bühne alles sauber abläuft und dass ich neue Ideen entwickle. Auch als Unternehmer wirst du gefordert: von deinen Mitarbeitern, von deinen Kunden, von deinen Partnern. Also egal, was du machst, du musst immer für irgendjemanden arbeiten.

Nebenjobs: Mache Network-Marketing oder Online-Marketing

Wie kannst du neben der Schule, der Lehre, dem Abitur, dem Studium Geld verdienen? Ja, du kannst natürlich bei McDonald's an der Theke arbeiten, als Kellner, Autos waschen, Taxi fahren. Kannst du alles machen, ist auch mal gut, wenn du das ein paar Monate gemacht hast, damit du siehst, was es bedeutet, für sein Geld richtig zu arbeiten. Aber wenn es darum geht, intelligent Geld zu verdienen, dann ist meine Empfehlung in jungen Jahren: Mache Network-Marketing!

Schau dir Network an. Gehe da rein und schau, dass du Vertrieb und Verkauf lernst. Affiliate-Marketing und Online-Marketing kannst du ebenfalls wunderbar ohne Eigenkapital nebenher betreiben. Beide Bereiche, die ich dir gerade empfehle, haben ganz geringe Einstiegshürden. Das ist der Vorteil für dich, weil du normalerweise kein Kapital hast. In anderen Bereichen wird immer ein hohes Kapital vorausgesetzt. Network-Marketing erfordert ebenso wie Online-Marketing null Kapital beziehungsweise ganz wenig.

Mit beidem kannst du in jungen Jahren sehr schnell viel Geld verdienen – und du lernst eine Menge. Du lernst im Online-Marketing, intelligent vorzugehen, und du lernst beim Network-Marketing, mit anderen Menschen gut zu kommunizieren. Beides sind ganz wichtige Skills für den Rest deines Lebens. Im Network-Marketing kannst du viel Erfahrung sammeln. Es geht gar nicht darum, dass du von Anfang an erfolgreich bist. Aber du lernst einfach viel über Menschen, über Kommunikation und über Verkaufen.

Nicht jeder ist für die Selbstständigkeit gemacht. Es gibt viele Menschen, die sind als Angestellte besser aufgehoben. In meinem Team gibt es Leute, die als Selbstständige nicht glücklich werden würden. Und ich kenne auch in meinem Umfeld Selbstständige, die besser nicht selbstständig wären und eher als Angestellte in einem guten Team arbeiten sollten. Da hätten sie mehr Freude, mehr Glück, mehr Ausgeglichenheit – und weniger Sorgen. Also, nicht jeder ist dafür geeignet, Unternehmer oder Selbstständiger zu sein.

Achte auf dein Umfeld

Achte bitte auf dein Umfeld. Man sagt, du bist der Durchschnitt der fünf Menschen, mit denen du die meiste Zeit verbringst. Jetzt schau dir mal an, mit wem du deine Zeit verbringst. Deine Freunde und Freundinnen, rauchen sie, trinken sie Alkohol, feiern sie ständig Partys? Für was geben sie Geld aus? Für Autos, für Klamotten, Netflix-Serien? Was sind eure Interessen? Wenn du so ein Umfeld hast und du willst jetzt aber erfolgreich werden – dann vergiss das. Das wird nichts!

Suche dir ein anderes Umfeld. Suche dir Leute, die älter sind als du. Suche dir Leute, die auch dieses *Mindset* haben, die Erfolg haben wollen. Wenn du ins Network-Marketing willst, suche dir andere Networker. Wenn du ins Online-Marketing willst, suche dir andere Onliner. Gehe auf die entsprechenden Konferenzen, gehe auf die passenden Veranstaltungen. Lerne Leute kennen, die älter sind als du, die erfolgreicher sind als du und verbringe weniger Zeit mit den Kumpels, die nur Party machen, rauchen, saufen und das andere Geschlecht im Kopf haben.

Suche dir Leute, die älter sind als du.

»Wenn du der Cleverste im Raum bist, bist du im falschen Raum«, so ein passendes Zitat. Da ist viel dran. Wenn du in einer Gruppe bist, und da bist du der Schlauste, und die anderen orientieren sich an dir, dann bist du in der falschen Gruppe. Das ist zwar fürs Ego gut, aber nicht für deine Entwicklung. Schau, dass du da rauskommst. Schau, dass du dir ein anderes Umfeld suchst. Denn dein Umfeld will dich in der Regel bewusst, aber auch unbewusst, dort halten, wo du jetzt bist. Wenn du dich veränderst, dann müssten sich die Leute in deinem bisherigen Umfeld auch verändern. Das ist für sie unbequem, und damit meine ich in erster Linie deine Eltern, deine Familie, deine Freunde. Die meinen es nicht böse. Aber sie wollen, dass du so bleibst, wie du bist, weil du dann berechenbar und bequem bist. Lass dich nicht darauf ein. Wenn du große Ziele hast, dann raus, geh deinen Weg!

Wenn du nach einem Job suchst, dann suche nicht nur danach, was dir Spaß macht und was zu deinen Neigungen passt. Sondern frage dich auch: Kann man damit Geld verdienen? Wo ist mein Geld? Du brauchst eine Zielgruppe, die auch bereit ist, deine Rechnung zu bezahlen, deine Leistung zu honorieren. Wenn du nur Zeit mit Leuten verbringst, die deine Rechnung nicht bezahlen können, dann wirst du irgendwann auch pleite sein. Wenn du sagst: »Ich möchte Krankenpfleger werden, der weltbeste Krankenpfleger« – dann ist das super, aber damit wirst du kein Geld verdienen. Das muss dir klar sein, und wenn du meine Veröffentlichungen konsumierst, geht es dir auch darum, wie du Geld verdienst!

Mentoren und Vorbilder geben Orientierung

Ich würde mir Mentoren suchen, Vorbilder. Das können die unterschiedlichsten Personen sein: dein Stiefvater, dein Onkel, der erfolgreich ist, es kann dein erfolgreicher Opa sein, aber auch fremde Leute. Wichtig ist: Sie müssen viel weiter sein als du, und sie müssen viel älter sein als du. Wenn du 20 bist, kannst du dir keinen 25-jährigen Mentor suchen. Das wird nichts. Du musst dir einen suchen, der 50 ist. Den findest du über deine Eltern, über Menschen mit Lebenserfahrung ... Es müssen auch nicht immer Menschen sein, die du persönlich kennst. Das kann auch ein Steve Jobs sein, der schon tot ist – und du kannst dich trotzdem an ihm orientieren, oder an Dwayne »The Rock« Johnson, dem Schauspieler und ehemaligen Wrestler. Ich finde den Typen unheimlich gut, denn er hat eine besondere Arbeitsethik. Er ist morgens immer der Erste, er trainiert immer alleine. Er sagt, er sei der härteste Arbeiter im Raum. Ich finde Johnson super, auch wenn ich ihn nie kennenlernen werde. Ich orientiere mich aber in bestimmten Bereichen immer an ihm.

> **Finde Mentoren und Vorbilder, die dich inspirieren und die dir Orientierung geben.**

Denn das ist das Hauptproblem von jungen Menschen, nämlich: Orientierung. Es gibt zwar alle Informationen im Internet. Aber der Punkt ist: Du musst Entscheidungen treffen. Dafür brauchst du Orientierung, und hierfür benötigst du einen Mentor. Ich bin auch gern dein Mentor, aber eben virtuell – bei YouTube, im Podcast, auf den Seminaren und in den Büchern.

Früher mehr übers Geschäft lernen

Ein weiterer Punkt, den ich heute anders machen würde? Ich würde viel früher anfangen, etwas über das Business zu lernen, darüber, wie man Geschäfte macht und wie die Wirtschaft funktioniert. Ich würde mich zudem viel früher mit dem Thema Geld beschäftigen: Wie verdient man Geld, wie legt man Geld an, wie wird man reich, wie funktionieren Immobilien und wie Aktien? Ich würde auch eher lernen wollen, wie man Mitarbeiter führt. Wie funktioniert Führung, wie wirkt Kommunikation – und natürlich würde ich noch früher anfangen zu lernen, wie man richtig verkauft. So, jetzt fragst du dich sicher, was ist denn »verkaufen«?

Lerne zu verkaufen. So früh wie möglich.

- Wenn du beispielsweise eine Wohnung haben möchtest, dann musst du dich als den idealen Mieter verkaufen.
- Du willst Geld von der Bank haben, weil du ein Start-up gründen möchtest? Dann musst du dich als Unternehmer verkaufen.
- Du suchst Mitarbeiter? Du musst dich als Arbeitgeber verkaufen.
- Du willst, dass dir jemand sein Auto leiht? Dann musst du dich ebenso verkaufen.
- Du willst eine neue Freundin oder einen neuen Freund haben? Du musst dich verkaufen.

Es gibt viele, die zu mir in die Seminare kommen – gerade bei der Vertriebsoffensive –, die ganz jung sind. Selbst wenn du noch keine 18 bist: Kein Problem, du kannst gerne kommen.

Bringe bitte eine Einverständniserklärung von deinen Eltern mit, mit der sie dir ausdrücklich erlauben, dass du da hinkommen darfst. Lasse sie unterschreiben und zeige sie uns dann. Besorge dir das Ticket, bringe noch jemanden mit. Komm nicht allein, das ist ein wichtiger Tipp. In jedem Fall aber lerne früh verkaufen, komm zur Vertriebsoffensive. Meine Videos ersetzen nicht, was du da lernst.

Die Vertriebsoffensive ist das weltweit größte Verkaufstraining, ein Zwei-Tages-Event. Ich habe das Format entwickelt und weiterentwickelt. Bisher fand sie in Deutschland, Österreich und der Schweiz statt, künftig auch darüber hinaus und auf Englisch. Mit der Vertriebsoffensive halte ich auch den Eintrag in das Guinness-Buch der Rekorde für die größte Einzelveranstaltung zu diesem Thema: Im Juni 2018 kamen 7500 Teilnehmer in die Dortmunder Westfalenhalle. Mehr Informationen findest du unter www.vertriebsoffensive.de.

Mache keine Konsumschulden

Mache keine Konsumschulden. Kaufe dir deine Möbel nicht auf Pump, kaufe dir dein Auto nicht auf Pump. Kaufe keine Eigentumswohnung, in der du selbst wohnen willst und die du finanzierst. Das Einzige, wofür du dir Geld bei der Bank leihst, ist, weil du ein Start-up gründest – also deine Firma – oder weil du Immobilien kaufst, die du anschließend vermietest. Nur diese beiden Gründe zählen! Leihe dir kein Geld.

Lebe deinen Traum, es war nie leichter als heute. Es war früher so viel schwerer, seinen Traum zu leben. Was soll dir heute passieren? Alles ist abgesichert.

Nachher bist du abhängig, und dann triffst du die Entscheidung nicht mehr frei. Tue das auf keinen Fall. Es geht nicht darum, immer die teuersten und neuesten Klamotten oder ein großes schickes Auto zu haben. Das ist nicht nötig. Folge deinen Träumen.

Baue dir ein Netzwerk auf und gehe raus

Bei mir in der Nähe gibt es eine internationale Schule, die internationale Schule in Düsseldorf-Kaiserswerth. Dort sind viele Kinder von Diplomaten, von Führungskräften, Top-Führungskräften und von Unternehmern aus dem Ausland. Die sind ein paar Jahre da, solange die Eltern halt in Deutschland tätig sind. Wenn du als Schüler auf so eine internationale Schule gehst, bekommst du ein super Netzwerk, ein internationales Netzwerk, und du lernst eine zweite Sprache richtig gut. Auf so eine Schule zu kommen, das wäre echt cool.

Und noch ein Tipp: Du musst rauskommen. Leute kennenlernen und Erfahrungen sammeln. Das funktioniert nicht hinter dem Computer, nicht während du YouTube-Videos guckst. Gehe raus, lerne Menschen kennen.

Das war das *18-Jahre-Video*. Du findest es unter dem Link http://bit.ly/18-jahre-video, wenn du es noch mal live und in Farbe erleben möchtest und dir auch das »Surf-House« einmal anschauen willst – für mich persönlich die passendste Location für meine Botschaft. 150 000 Leute (Stand April 2020) haben sich das Video angeschaut, Tausende haben kommentiert, Tausende haben es geliked. Damit hätte ich nie gerechnet. Ich hätte ihm optimistisch gesehen 20 000 bis 30 000 Aufrufe zugetraut.

Im Folgenden findest du einen Auszug an Kommentaren. Und in den darauffolgenden Kapiteln kommen die Antworten auf Fragen, die ich im Video nicht beantwortet habe, auf die ich aber gerne und ausführlich eingehen werde.

Kommentare zum *18-Jahre-Video*

Marco X.: »In zehn Jahren werde ich diesen Kommentar kommentieren und dir danken.«

FatDeaman: »Ich bin 19 Jahre alt und kann sagen, dass dieses Video einen im Kopf ordentlich anspornt. Dankeschön.«

SI DO: »Schade, dass so etwas Wichtiges nicht mal in Schulen angesprochen wird.«

Eli S.: »Habe das Video an meinen Sohn weitergeleitet. Obwohl ich absolut dagegen bin, dass er auszieht oder gar ins Ausland zieht, sind viele wichtige Inputs dabei!«

Online Marketing X.: »Ich würde komplett auf Party machen verzichten und hätte mich lieber eher weitergebildet.«

Filip M.: »So fortschrittliches Denken haben nicht viele der ›älteren Generation‹ einschließlich meiner Eltern. Wenn ich meinem Vater sagen würde, ich werde professioneller Gamer, dann würde er lachen. Ich finde das Video wirklich sehr gelungen und inspirierend.«

Feglu: »Endlich jemand, der mich als Gamer versteht. Du hast mein Abo und Like.«

Greta A.: »Ich habe Gänsehaut während des Videos bekommen. Ich bin 21 Jahre alt und habe die meisten der Punkte genauso gelebt. Bin mit 16 Jahren ausgezogen, habe Abitur und Ausbildung beendet, bin in eine fremde Stadt gezogen, habe alleine Urlaub und Erfahrungen gemacht und starte aktuell mein eigenes Business. Super Video, Dirk, weiter so! Danke!«

Ingo M.: »Sehr, sehr gute Ratschläge. Mir hätten die 35 Jahre früher auch sehr gutgetan.«

Molly J.: »Alle Wörter sind so wertvoll. Ich will alles auf Chinesisch übersetzen und meiner Tochter zeigen.«

byJayJay: »Es hätte kein passenderes Video für meine derzeitige Lebenssituation gegeben. Danke für das Video. Hast mir seeeehr weitergeholfen.«

2. Meine persönliche Geschichte, und was du daraus lernen kannst – was ich meinen Kindern jetzt erzählen würde

Kindheit im Sauerland

Ich wurde 1967 geboren und bin im Sauerland aufgewachsen, einer Mittelgebirgsregion in Westfalen. Es hat keine besonders große Stadt – die größte ist Iserlohn – und kein richtiges Zentrum. Das Sauerland ist eine ländliche Gegend mit vielen Wäldern, Wiesen und Hügeln. Es ist sehr grün, im Winter gibt es viel Schnee und im Sommer die Möglichkeit, im kristallklaren Wasser der vielen Talsperren zu schwimmen. Ich bin froh, nicht in einer Stadt groß geworden zu sein, denn ich liebe die Natur, ich bin jemand, der gern Zeit allein in der Natur verbringt. Einen kleinen Staudamm im Bach oder in den Bäumen einen Hochsitz errichten und von dort aus Tiere beobachten. Ständig habe ich mir Rollenspiele ausgedacht, bei denen ich mal Soldat war, mal Jäger oder Förster. Das ist meine Kindheit – und nicht zu vergessen natürlich: Fußball. Wenn du als Junge auf dem Dorf groß wirst, spielst du natürlich Fußball.

Nach der Grundschule bin ich auf die Realschule im Nachbarort gegangen. Jeden Tag fuhr ich mit dem Bus eine halbe Stunde zur Schule. Ich war ein absolut durchschnittlicher Schüler, ja ich war geradezu faul. Weil ich den Sinn des Schulbesuchs nicht gesehen habe. Durch meine mündliche Beteiligung habe ich jedoch alles wieder rausgerissen. In der Klasse habe ich Gas gegeben, dafür habe ich nachmittags nach der Schule nicht mehr gelernt. Die Hausaufgaben habe ich oftmals nur bei den Mitschülern abgeschrieben. Das hat gereicht. Ich habe wenig Sinn in der Schule gesehen, aber noch sinnloser wäre für mich gewesen, sitzenzubleiben. Ein Jahr wiederholen, die Klasse wechseln, mir das Gleiche noch mal anhören. Deswegen machte ich immer so viel, dass es reichte, versetzt zu werden.

Meine erste Leidenschaft: Surfen

1980, ich war damals zwölf, hat mein Vater eine neue Sportart für sich entdeckt. Das Windsurfen – damals eine sehr junge Sportart. Er hat einen Surfkurs gemacht und war so begeistert, dass er direkt zwei Surfbretter gekauft hat. Für sich und seinen Sohn, also für mich. Mein Vater hat mich gar nicht gefragt, ob ich Lust hätte, Windsurfen zu lernen. Er hat einfach die Boards gekauft. Ich habe dann meinen Surfkurs in Sondern am Biggesee gemacht. Im September, es war kalt. Es waren die letzten Tage im Jahr, an denen das öffentliche Freibad noch Gäste reingelassen hat. Das Segel aus dem Wasser zu ziehen hat so unglaublich viel Kraft gekostet. Ich habe es verflucht. Zwar habe ich den Surfschein bekommen, aber es war keine Liebe auf den ersten Blick. Erst im darauffolgenden Sommer habe ich das Surfen richtig gelernt und viel Zeit auf dem Wasser verbracht.

Keine Frage, der Wind im Sauerland ist nicht zu vergleichen mit dem Wind an der Küste. Du stehst oftmals ewig lange herum und musst bei einer leichten Brise schauen, dass du halbwegs von der Stelle kommst. Wenn dann mal Wind da war, hat es umso mehr Spaß gemacht. Ich habe mir die Surf-Magazine gekauft und sie auswendig gelernt. Ich wusste genau, wer welcher Surfer ist, wer welche Segelnummer hat, welches Material welche Eigenschaften hat. Ich habe alles aufgesogen und wusste alles. Das Thema hat mich wirklich interessiert.

1983 ist mein Vater ins Ausland gegangen. Als Immobilienmakler nach Fuerteventura, Kanarische Inseln, Spanien. Ich habe dann zur zehnten Klasse die Schule gewechselt, konnte aber nicht mit ins Ausland gehen, weil es dort keine deutsche Schule gab. Also musste ich, um meinen Schulabschluss zu machen, bei meiner Oma wohnen. In Neuss am Rhein, einer Nachbarstadt von Düsseldorf, gleich auf der anderen Rheinseite gelegen.

Doch bevor es zu diesem Schulwechsel kam, hatte mein Vater mich schon von meiner alten Schule abgemeldet. Die Schulleitung der alten Schule dachte wiederum, ich würde schon auf die neue Schule gehen, aber die wusste noch gar nichts von ihrem Glück. So hatte ich die Möglichkeit, auf Fuerteventura drei Monate Sommerferien zu verbringen. Was habe ich gemacht? Ich war jeden Tag in der Surfschule, die zwischen zwei großen Hotels an einem hellen Sandstrand lag. Ich hatte jeden Tag schönes Wetter, jeden Tag Wind und Wellen. Es war eine der glücklichsten Zeiten meines Lebens. Jeden Tag Windsurfen. Ich war damals 15. Mich hat nichts anderes interessiert, selbst Mädchen nicht.

Irgendwann musste ich zurückfliegen, um die zehnte Klasse in einer fremden Stadt zu absolvieren – bei meiner

Oma, ohne eigenes Zimmer. Es war eine reine Jungenschule. Im ersten Moment dachte ich: »Oh, was für ein Mist!« Doch im Laufe der Zeit stellte sich heraus, dass das viele Vorteile hatte. Jungs verhalten sich anders, wenn keine Mädchen im Raum sind. Es ist entspannter, es herrscht nicht immer Wettkampf.

In dem Jahr musste ich neue Freunde finden und mich in eine neue Umgebung einleben. In dieser Zeit habe ich neben meiner Oma in ihrem Ehebett geschlafen. Mein Opa ist schon viele Jahr zuvor verstorben. Wie sich jeder vorstellen kann, war das nicht einfach: keine Rückzugsmöglichkeit und das mitten in der Pubertät. Mit 15, 16 Jahren!

Gleichzeitig war für mich, nachdem ich drei Monate in Spanien surfen war, klar: Ich werde Surfer! Zum Profisurfer würde es nicht reichen, aber zum Surflehrer auf jeden Fall! Schließlich hatte ich wochenlang den Touristen gezeigt, wie man windsurft. Auch ohne Geld. Ich weiß, wie das geht, und ich mache das gern. Ich helfe anderen Menschen gern. Also habe ich in der zehnten Klasse nur das Allernötigste gemacht. Entsprechend sieht mein Abschlusszeugnis aus.

Wie aber wurde man Surflehrer? Es gab damals, wie gesagt, zwei offizielle Ausbildungen. Die eine wurde von einem Verband angeboten, der nicht besonders bekannt war, und kostete 5000 D-Mark (rund 2500 Euro). Die andere Ausbildung wurde vom führenden, international anerkannten Windsurf-Verband, dem VDWS (Verband deutscher Windsurfing-Schulen, seit 1994: Verband Deutscher Windsurfing und Wassersportschulen e.V.) durchgeführt – und war deutlich komplizierter. Ich hatte diese Denke, die die meisten Deutschen haben: Wenn du kein Zertifikat hast, bist du nichts wert. Wenn du kein Zertifikat hast, kannst du auch nicht als Surflehrer arbeiten. Das ist ein ganz großer Denkfehler, der mir aber erst Jahrzehnte später bewusst geworden ist.

Und hier kommt jetzt das nächste Learning für dich: Ja, für bestimmte Berufe brauchst du Zertifikate – für die allermeisten aber nicht!

Woher aber kommt diese noch immer tief verwurzelte Denkweise? Die Generation meiner Großeltern und teilweise meiner Eltern hat sich folgenden Karriereverlauf vorgestellt, der so auch millionenfach praktiziert wurde: einen Schulabschluss mit einem guten Zeugnis machen, idealerweise mit Abitur, dann studieren und einen ordentlichen Abschluss absolvieren und schließlich in einem großen Unternehmen arbeiten, am besten in einem großen Konzern. Dort Stück für Stück die Karriereleiter hochklettern und sich auf die Rente freuen. Das war in deren Augen ein erfülltes Leben.

Mindestens zwei Generationen lang entsprach dies dem Idealbild einer Lebensplanung. Doch bitte, jeder Mensch ist individuell. Jeder kann in der heutigen Zeit nach seinen eigenen Regeln glücklich und erfolgreich werden. Ich hätte einfach so Surflehrer werden können, ich hätte mir eine Surfschule suchen können, irgendwo auf diesem Planeten, und mich dort gut verkaufen können. Verkaufen im Sinne von als Surflehrer bewerben und dort dann anfangen zu arbeiten – ohne Zertifikat und Stempel. Es ging mir doch nicht ums Geld, ich durfte nur nicht verhungern. Es ging mir um meine Leidenschaft. Geld hatte zu diesem Zeitpunkt meines Lebens überhaupt keinen Stellenwert. Geld war nicht wichtig. Und deswegen hatte ich auch keins. Ich hatte nie wirklich gelernt zu sparen! Wenn dir also klar ist, was du beruflich ma-

Erfolg im Berufsleben basiert nicht auf einem Zertifikat.

chen möchtest, wenn du weißt, was deine Leidenschaft ist, lasse dich nicht davon verunsichern, dass du keinen geeigneten Abschluss oder die eine Bescheinigung hast.

An dieser Stelle höre ich jetzt den Aufschrei von Lehrern und Eltern, die sagen: »Wenn das jeder machen würde, was würde das bedeuten?« Ich kann da nur entgegnen: Es macht nicht jeder. Nicht jeder will gesund leben, nicht jeder will Bücher lesen, nicht jeder will viel Geld verdienen. Die wenigsten leben ihre Träume und die, die ihre Träume nicht leben, wissen das auch – unbewusst. Sie haben sich eben nicht für ihr Traumleben entschieden und rechtfertigen das oft damit, dass sie ein Leben in der Durchschnittlichkeit gewählt haben und auf ihre Träume verzichtet haben – mit der Ausrede: »Wenn das jeder machen würde.«

Höre nur auf Leute, die ihren Traum leben

Und genau an dieser Stelle trennt sich die Spreu vom Weizen! Liebe Leserin, lieber Leser, bitte nehmt keine Ratschläge von Menschen an, die ihre Träume aufgegeben haben. Menschen, die im Durchschnitt stecken geblieben sind. Denn sie wollen dir deine Träume schlechtreden. Warum? Ganz einfach! Stell dir vor, du lebst deinen Traum, dann hältst du ihnen nur den Spiegel vor. Du zeigst ihnen, wie toll ihr Leben hätte sein können außerhalb der Durchschnittlichkeit. Und das lässt sich niemand gerne zeigen. Dass er aufgegeben hat. Also nimm keinen Ratschlag an von Leuten, die aufgegeben haben, sondern nur von denen, die ihren Traum leben.

Zurück zur Surflehrerausbildung: Beide Ausbildungen hätten mehrere tausend Euro gekostet, beide Ausbildungen waren erst mit der Volljährigkeit möglich, mit 18 Jahren. Und ich war bei meinem Schulabschluss nicht einmal 17. Der Schulabschluss war im Juni, und erst Ende September bin ich 17 geworden.

Said Shiripour: »Fang früher an, dein Leben selbst zu kontrollieren«

Said Shiripour ist einer der erfolgreichsten Online-Marketer im deutschsprachigen Raum. Er hat bereits drei Software-Lösungen veröffentlicht, unter anderem sein neuestes und größtes Projekt »EZFunnels«. Als Multi-Unternehmer und Immobilieninvestor erzielt Shiripour einen achtstelligen Jahresumsatz. Said wurde für seine Leistungen von ClickFunnels International mehrfach ausgezeichnet und von der Entrepreneur University zum »Online-Marketer des Jahres 2018« gewählt. Zudem ist er Autor der Bestseller Das perfekte Online Business *und* ALL IN!, *in denen er noch mehr Menschen die Möglichkeiten eines eigenen Online-Business aufzeigt.*

1) Mal angenommen, du würdest heute dein 18-jähriges Ich treffen, welchen Rat würdest du ihm geben?

Wenn ich mit meinem 18-jährigen Ich sprechen würde, würde ich sagen: »Fang viel früher an, dein Leben selbst zu kontrollieren und Dinge zu machen, die dein Leben positiv beeinflussen.« Wie zum Beispiel Bücher zu lesen, mehr zu machen, anstatt mehr zu reden. Das heißt nicht, jedes Mal deinen Freunden zu erzählen, was du vorhast – sondern tatsächlich die Zeit zu nutzen und das, was du ihnen gern erzählen würdest, was du vorhast, auch wirklich zu machen. Ich würde viel weniger Angst haben vor Fehlern. Ich würde viel schneller Dinge ausprobieren. Ich würde mich hinsetzen und mir Ziele aufschreiben; finanzielle Ziele, was ich erreichen möchte. Ich würde anfangen, mir einen Businessplan zu überlegen, der für mich lukrativ ist. Ich würde mir sofort einen Mentor holen; von jemandem lernen, der erfolgreich ist in dem, was ich erreichen möchte. Ein Vorbild, zu dem ich hinaufschauen kann, das mich inspiriert, motiviert und das mir zeigt, dass es möglich ist. Denn alles, was du vor deinen Augen siehst, ist greifbarer für dich.

Völlig egal, für welche Richtung ich mich entscheiden würde, ich würde auf jeden Fall anfangen, es zu tun. Ich glaube, der schlimmste Fehler, den man machen kann, ist einfach nichts zu tun – weil dann auch garantiert ist, dass du keine Ergebnisse hast. Wenn du etwas tust, hast du wenigstens einen Fehler gemacht. Du hast es nicht hinbekommen – dann machst du es eben noch mal. Wenn du es hundert Mal machst, wird einmal davon durchgehen, und du lernst durch diesen Prozess. Man muss sich klar werden, dass man nicht eine Sache startet und sie dann automatisch und rasch erfolgreich wird. Dass du nicht sofort erfolgreich wirst, sondern dass es tatsächlich dauert und es ein Prozess ist – und du musst oft hinfallen und wirst wieder aufstehen. Es ist nichts Schlimmes, wenn du hinfällst, auch wenn andere denken, dass du ein Loser bist – das definiert dich aber nicht als Person.

2) Was würdest du einem heute 18-Jährigen raten?

Tatsächlich hat ein 18-Jähriger in meinen Augen das volle Potenzial, alles zu erreichen. Was ich ihm empfehlen würde, ist, ein Vorbild zu finden. Jemanden zu finden, der das erreicht hat, was dieser 18-Jährige erreichen möchte, egal, in welchem Feld das ist. Und der alles dafür tut, damit er ein kostenloses Praktikum bei ihm bekommt. Dass er bei ihm arbeitet, dass er mit ihm reden kann. Damit er Eindrücke von diesem Unternehmen oder dieser Person bekommen und das Wissen aufsaugen kann. Dass er spüren kann, wie er ist, wie er tickt, was er macht. Das er demjenigen einfach dienen kann, denn nichts ist besser, als anderen Menschen zu dienen.

Es gibt auch nicht Besseres, als jemand Erfolgreichem zu dienen, denn du gibst ihm deine Zeit und die ist - seien wir ehrlich - aktuell weniger kostbar als seine Zeit. Er schenkt dir seine Zeit, und du schenkst ihm deine Zeit. Das ist an sich schon eine ungleiche Formel: Denn es heißt, du bekommst viel; viel mehr, als er gibt - auch wenn du kostenlos für ihn arbeitest. Das würde ich auf jeden Fall einem 18-Jährigen raten. Denn mit der Zeit würde er sehr viel lernen. Ich würde mit 18 einfach offen und ehrlich sein, viele Dinge ausprobieren. Wirklich auch Dinge machen und crazy sein. Nicht wie viele andere um dich herum in deinem Freundeskreis. Denn sie werden alle nur eine Sache machen: Sie werden schauen, was alle anderen machen. Das heißt, sie werden sich überall bewerben, werden Absagen und Zusagen bekommen, dann versuchen sie, sich auf LinkedIn besser darzustellen. Aber eigentlich machen sie das nur, damit sie in diese Gesellschaft perfekt hineinpassen. Ich würde mich an diesem Punkt immer dafür entscheiden, *nicht* in die Gesellschaft hineinzupassen, sondern tatsächlich etwas zu machen, was ich liebe. Entweder es ist gesellschaftskonform oder eben nicht, aber am Ende ist es das, was ich mit voller Leidenschaft liebe. Das ist mein Weg, den ich gehen möchte.

3) Was würdest du im Nachhinein als deinen größten Fehler bezeichnen, den man vermeiden sollte?

Den größten Fehler, den ich in meinem Leben gemacht habe, ist, auf den Rat anderer zu hören, die gar nicht das gemacht haben, um was es ging - in diesem Fall hat mir der Ratgeber sogar von etwas abgeraten, obwohl er auf dem Gebiet selbst gar keine Erfahrung hatte. Ich würde niemals auf Autoritäten setzen, mit denen ich aufgewachsen bin, auch nicht auf meine Eltern. Es hört sich komisch an, aber höre nicht auf deine Eltern, deine Freunde, auf irgendjemanden, wenn du wirklich etwas Großes vorhast. Außer diese Person hat tatsächlich das gemacht, was du machen möchtest und hat schon Erfahrung darin. Dann kannst und sollst du definitiv hinhören. Alle anderen können sich das gar nicht vorstellen. Das ist auch nicht böse gemeint von ihnen. Diese Menschen haben es eben noch nie gemacht, deswegen können sie dir aber auch nichts dazu sagen.

Zwei Dinge sind im Leben die allerkostbarsten Güter für einen Menschen: Das Erste ist Gesundheit, und das Zweite ist Zeit. Meine Gesundheit habe ich nicht aufs Spiel gesetzt, aber meine Zeit, weil ich zu lange auf die falschen Personen gehört habe – und sich dadurch nichts in meinem Leben geändert hat.

4) Was hatte die größte positive Auswirkung auf dein Leben?

Die größte positive Auswirkung auf mein Leben hatte die Entscheidung, selbstständig zu werden. Selbstständig besteht ja aus zwei Wörtern: selbst und ständig. Dein ganzes Leben lang bist du in irgendeinem System, und du fühlst dich geborgen darin. Denn alles hat eine Ordnung, die allerdings irgendjemand anders für dich aufgebaut hat.

Steve Jobs hat gesagt: »Wenn du um dich herum schaust, dann merkst du, dass dein Leben von anderen Menschen kontrolliert wird, die eigentlich nicht viel schlauer sind als du. Der Moment, in dem du verstehst, dass du dein Leben selbst formen kannst« – er sagt das so schön: »mold it how you want it« –, »in dem Moment merkst du, dass im Leben viel mehr für dich da ist als Person. Viel mehr zu erleben, viel mehr zu machen, viel mehr zu lernen, viel mehr spüren.«

Ist es nicht eigentlich das, wofür wir Menschen auf die Welt gekommen sind? Ist es nicht das, was wir eigentlich alle anstreben sollten, nämlich das Beste aus uns und unseren Talenten rauszuholen?

Die beste Entscheidung war es, selbstständig zu werden, egal wo auf der Welt. Wenn du dich entscheidest, etwas selbst in die Hand zu nehmen, ist es die beste Entscheidung, die du treffen kannst. Du wirst auf die Schnauze fallen, das ist völlig normal. Aber dein Langzeitziel wirst du immer erreichen, wenn du dranbleibst.

Selbstständigkeit war das Beste, was mir passieren konnte. Die positive Auswirkung auf meine Persönlichkeitsentwicklung und auf die Dinge, die ich dadurch erlebt habe.

Denn am Ende zählen weder das Geld noch meine ganzen Erfolge; das Einzige, was bleibt, sind die Dinge, die ich erlebt habe. Ich habe wirklich sehr viel erlebt in den letzten Jahren, als ich selbstständig war. Wenn ich das mit den Jahren zuvor vergleiche, kann ich sagen, dass ich nie wieder das Leben so haben möchte, wie es vorher war. Nicht wegen des Geldes und auch nicht wegen der Möglichkeiten, sondern einfach wegen dem, was ich dadurch erlebe. Das, was ich mache, ist spannender als jedes Spiel, das man spielt. Dafür lohnt es sich zu kämpfen.

Abitur – die große Hürde

Meine Eltern hatten sich scheiden lassen, als ich 13 war. Meine Mutter ist in ihre Heimatstadt Düsseldorf gezogen, ich bin bei meinem Vater im Sauerland geblieben. Es war für mich undenkbar, meine Freunde und das Sauerland aufzugeben. Davon einmal abgesehen, hatte ich während der Pubertät ein ganz schlechtes Verhältnis zu meiner Mutter. Meine Mutter stand für Regeln, Hausaufgaben, lernen, Disziplin. Mein Vater hat mich eher freundschaftlich erzogen. Wenn ich Mist gemacht habe, was selten der Fall war, haben wir darüber geredet, und ich habe den Fehler korrigiert.

Einige Jahre habe ich gar keinen Kontakt zu meiner Mutter gehabt. Ich habe ihn auch nicht gesucht, mir hat nichts gefehlt. Als ich dann 1984 bei meiner Oma gelebt habe, habe ich meine Mutter natürlich ab und zu getroffen, da sie in der Nähe wohnte. Unser Verhältnis wurde entspannter, denn ich war älter und auch reifer geworden.

Ihre Vorgabe war: In der zehnten Klasse holst du die Qualifikation für das Abitur, und anschließend machst du in drei Jahren Abitur. Ich hatte mir sogar schon ein Gymnasium ausgesucht, an dem ich nicht nur das Abitur absolvieren konnte, sondern auch eine Berufsausbildung zum Chemisch-technischen Assistenten. Zwei Fliegen mit einer Klappe schlagen, das war eine gute Idee. Mit dem Abitur hätte ich somit direkt schon eine Ausbildung inklusive gehabt. Soweit die Theorie, denn erst einmal musste ich dafür ja gute Noten in der zehnten Klasse erringen. Doch ich habe nichts dafür getan. Schließlich brauchte ich in dem Fach Deutsch eine Drei, bekam aber nur eine Vier. Ich habe die Lehrerin gefragt und ihr gesagt, dass ich eine Drei benötige, ansonsten könne ich kein Abitur machen. Und sie fragte: »Hast du es denn verdient?« Ich erwiderte: »Ja, schon!« Doch sie erinnerte mich an ein Gastreferat, das jemand im Deutschunterricht gehalten hatte. Und während der Gastreferent seine Geschichte erzählte, las ich mein neuestes Surf-Magazin. Die Lehrerin hatte mich beobachtet und gesehen, dass ich mich überhaupt nicht für den Unterricht interessierte, sondern mir die Surf-Bilder aus Hawaii angesehen habe. Sie hat mich an diesen Moment erinnert und meinte, dass ich die Drei nicht verdient habe. Das war es also mit meinem Abitur, zugespitzt gesagt wegen eines Surf-Magazins.

Dass ich einer Zeitschrift – und der Deutschlehrerin – die Schuld für mein Scheitern gab, das entsprach meiner damaligen Meinung und Einstellung. Aber das ist eine Opferrolle, die grundfalsch ist. Denn natürlich war – wie ich heute längst weiß

– nicht ein Magazin Schuld an meinem Aus, sondern einzig und allein ich mit meinem Fehlverhalten und meinen Versäumnissen; weil ich eben faul war und mich auch nicht in den anderen Fächern angestrengt habe. Übernimm also die Verantwortung für dein Leben. Wenn etwas nicht klappt, schiebe es nicht auf andere.

Wenn etwas nicht klappt, schiebe es nicht auf andere.

Ich habe damals allerdings auch nicht wirklich gewollt. Wenn, dann hätte ich es für meine Mutter gemacht. Ich habe ihr aber immer gesagt: »Ja, ich bekomme das mit der Qualifikation hin«, und sie hat geantwortet: »Wenn du das nicht hinbekommst, suche ich dir eine Lehrstelle. Dann machst du das, was ich will!« Meine Mutter war eher konservativ, mein Vater deutlich weltoffener. Aber Surflehrer zu werden, das war auch für ihn keine Option. Das war Spinnerei, das war unrealistisch, das waren die Träume eines 16-Jährigen ... sagte der Vater ...

Ich hatte also nicht das Geld für die Ausbildung, und es fehlten noch fast zwei Jahre, bis ich sie hätte machen können. Das heißt, ich musste die Zeit überbrücken und durfte dabei meinen Traum nicht aus den Augen verlieren.

Damals bei meiner Oma, mitten in der Pubertät, habe ich mit dem Langstreckenlaufen begonnen. Am Anfang waren es nur ein paar Kilometer. Später wurden es immer mehr. Ich war für mich allein, und ich mochte schon immer die körperliche Belastung. Also habe ich mit dem Ausdauersport angefangen und bin, wann immer es ging, im Stadtpark gelaufen.

Es kam, wie es kommen musste: Zeugnisübergabe und keine Qualifikation fürs Abitur. Ich wusste: Wenn ich jetzt nach Hause komme, wird meine Mutter auf mich warten, und ich werde irgendeinen Beruf lernen müssen, auf den ich überhaupt keine Lust hatte. Nach der Zeugnisübergabe war ich mit Freunden bis spät in die Nacht hinein unterwegs. Ich weiß noch: Meine Oma war nicht zu Hause, und ich bin um vier Uhr zurückgekehrt, habe meine Tasche gepackt, eine Stunde geschlafen und bin dann zum Bahnhof gegangen. Mein Vater hatte inzwischen auf den Kanarischen Inseln seine Zelte abgebrochen und war in die Schweiz nach Zürich gegangen. Also bin ich mit dem Zug zu ihm gefahren. Meine Mutter hat mir später erzählt, dass sie bis Mitternacht mit dem Auto vor der Tür gestanden hat. Sie hatte schon geahnt, was passiert war, weil ich mich nicht gemeldet hatte. Vorsorglich hatte meine Mutter bereits ihre Kontakte spielen lassen, und ich wäre für eine Ausbildung in einer Versicherungsagentur gelandet. Versicherungen?! Dazu hatte ich überhaupt gar keinen Bezug.

In der Schweiz – in die ich dann zu meinem Vater gezogen war – benötigte man keine Qualifikation, um eine Schule zu besuchen, die einen auf das Abitur vorbereitet, das dort übrigens Eidgenössische Matura heißt. Also habe ich den Sommer in Zürich genossen und habe ab Herbst das »Institut Minerva« besucht, um Abitur zu machen. Noch mal Schule. In manchen Fächern war ich viel besser als die Schweizer Mitschüler, zum Beispiel in Englisch. Dafür gab es andere Fächer, da waren meine Mitschüler wesentlich weiter, etwa Französisch. Dort, wo ich gut war, habe ich nichts dafür getan, auch weiterhin gut zu bleiben. Meine Leistungen sind auf diese Weise immer schlechter geworden. Dort wiederum, wo ich schlecht war, war ich so frustriert, dass ich von Anfang an schon aufgegeben hatte. An Heiligabend war dann klar, dass das nichts wird. Mir fehlte der komplette Sinn für die Schule. Also bin ich am ersten Weihnachtsfeiertag zurück nach Deutschland gegangen.

Meine Mutter mag den deutschen Winter nicht und verbringt schon seit vielen Jahren den Winter lieber auf den Kanarischen Inseln. Daher konnte ich drei Wochen lang in ihrer Wohnung in der Nähe von Düsseldorf wohnen, denn sie war nicht da. Wie schwer ist es mir gefallen, dorthin zu fahren! In den drei Wochen habe ich alles Mögliche probiert, um auf eigenen Beinen zu stehen. Mittlerweile war ich 17. Ich habe bei der Bundeswehr angerufen, damals gab es noch die Wehrpflicht, und habe gefragt, ob ich jetzt schon kommen könnte. Die haben gefragt, ob ich gemustert wäre – nein, ich müsste erst gemustert werden. Das würde alles Monate dauern. Ich habe sogar bei der US-Army in Frankfurt angerufen und gefragt, ob sie mich nehmen. Für die war mein Englisch wiederum zu schlecht. Also bin ich zurück ins Sauerland gegangen, habe einen Freund gefragt, ob ich eine Zeit lang bei ihm wohnen könne. Er hat seine Eltern gefragt, und es passte. Kaum angekommen, bin ich rumgelaufen; von einer Fabrik, von einer Firma zur anderen. Dort habe ich gefragt, ob sie Arbeit für mich hätten. Bei den meisten ist es daran gescheitert, dass ich noch keine 18 war. Aber am dritten Tag hatte ich den Job: Hilfsarbeiter in einer Fabrik, und zwar bei Muhr & Söhne. Ich habe dort große Metallfässer in Lkws gepackt und am Fließband gearbeitet, wo ich mein Gehirn ausschalten konnte. Es gab 9 D-Mark brutto Stundenlohn, also rund 4,50 Euro. Allerdings war dies vor mehr als 30 Jahren wesentlich mehr wert als heute. Ich habe noch die Abrechnung des ersten Monats, in dem ich voll gearbeitet hatte. Ich erhielt 980 D-Mark, mein erstes selbst verdientes Geld. Ich habe mir eine möblierte Wohnung gesucht und stand ab jetzt auf eigenen Beinen. 17, ein Job in einer Fabrik, rund 1000 Mark im Monat. 350 Mark sind für die Wohnung draufgegangen, ich habe meine Wäsche selbst gewaschen, selbst gekocht, eingekauft – jetzt war ich erwachsen.

Daraus ergaben sich zwei Erkenntnisse für mich – und nun für dich:

Die Komfortzone verlassen

Erstens, wer mit 25 Jahren noch bei Mama und Papa wohnt, hat etwas gravierend falsch gemacht. Es geht nicht um das Verhältnis zu deinen Eltern. Es geht darum, dass du dich weiterentwickelst. In dem Moment, wo du ausziehst, hast du die volle Verantwortung für dich und dein Leben, von dem Moment an wirst du erwachsen. Viele Naturvölker haben bestimmte Rituale, durch die die Kinder zu Erwachsenen werden, und diese Rituale sind uns abhandengekommen. Rituale sind jedoch wichtig für Menschen und für die Gesellschaft. Das Ausziehen aus dem Elternhaus und die Übernahme der Verantwortung für dein eigenes Leben, das sind zwei dieser Rituale, wenn auch unbewusst. Das rate ich also meinen Kindern: Zieht frühzeitig aus! Jedoch nicht ins Nachbarhaus, sondern schon ein Stück weit weg. Es muss nicht ein anderer Ort sein, aber gut wäre es. Ziehe aus, verlasse deine Komfortzone. Persönlichkeitsentwicklung findet nur außerhalb der Komfortzone statt. Die Komfortzone ist das, was dir bekannt ist, wo es nichts Neues gibt.

Nun kommt immer wieder die Frage: »Ist es nicht besser, bis 25 bei Mama und Papa wohnen zu bleiben, das Geld zu sparen und mit dem Geld dann zu starten?«

Klare Antwort: Nein! Es ist nur eine Ausrede, um das bequeme Leben zu genießen. Lass den Unsinn und ziehe aus.

Wenn du zu Hause bleibst, entwickelt sich deine Persönlichkeit natürlich auch weiter. Dieser Fortschritt steht aber in keinem Verhältnis zu der Entwicklung, die du machtest, wenn du auf eigenen Beinen stehst, wenn du möglicherweise an einem anderen Ort lebst und für dich selbst Verantwortung übernimmst. Dann nämlich wächst du als Persönlichkeit viel stärker. Vielleicht lebst du während der ersten Monate oder Jahre von der Hand in den Mund. Doch wenn du beispielsweise erfolgreich Karriere machen willst: Unternehmen zahlen nur solchen Mitarbeitern viel Geld, die eine ausgeprägte Persönlichkeit besitzen. Du wirst nie Verantwortung für andere Mitarbeiter erhalten, also Führungskraft werden, wenn du dich nicht selbst führen kannst. Also noch mal: Ziehe aus! Werde die beste Version von dir selbst, die du werden kannst, und das Geld wird dir folgen.

Das erste Mal habe ich meine Komfortzone bewusst verlassen, als ich etwa zehn Jahre alt war. Ich war in den Sommerferien bei meiner Oma und bin eines Tages mit dem Fahrrad viel weiter von ihrer Wohnung weggefahren als jemals zuvor. Das war ein Abenteuer, und ich war nachher mächtig stolz auf mich. Denn ich war in Bereiche gelangt, die mir vorher unbekannt waren. Das Bild mit dem Fahrrad ist das gleiche Bild wie das mit dem Ausziehen. Ziehe also frühzeitig aus, ob mit 17, 18 oder 19. Übernimm Eigenverantwortung für dein Leben. Deine Weiterentwicklung liegt außerhalb deiner Komfortzone, und wenn Mama für dich kocht und deine Wäsche macht, einkaufen geht, dein Zimmer aufräumt, dich abholt und hinbringt, wohin du willst, wirst du nie erwachsen.

Warum aber ist das Erwachsenwerden, ja diese gesamte Persönlichkeitsentwicklung so wichtig? In der Schule wird uns immer beigebracht, dass wir möglichst viel Wissen haben müssen. Doch es geht nicht darum, möglichst viel Wissen zu erlangen. Wissen ist natürlich wichtig, aber noch viel bedeutsamer ist es, eine Persönlichkeit zu sein. Und es gibt diese Persönlichkeiten. In der siebten Klasse der Realschule kam Hansi, in Wirklichkeit heißt er Hans-Peter, in unsere Klasse. Hansi war vorher auf dem Gymnasium, war schon einmal sitzen geblieben und kam schließlich zu uns in die Realschulklasse. Hansi war älter und schon viel weiter in seiner Persönlichkeitsentwicklung als alle Jungs in meiner Klasse. Ein Bauernsohn, auf dem Bauernhof groß geworden. Er sah cool aus, hatte lange, blonde, lockige Haare. Die Mädchen standen auf ihn. Nicht nur wegen der Äußerlichkeiten, sondern weil seine Persönlichkeit schon viel mehr ausgeprägt war als bei uns. Wenn du ein Junge bist und das liest: Die Mädchen mögen es, wenn du weißt, was du willst. Doch noch entscheidender ist das für dein späteres Leben. Unternehmer, Chefs, Führungskräfte sagen: Wir stellen in den meisten Fällen nicht den ein, der am besten qualifiziert ist, der mit dem größten Fachwissen; sondern wir stellen den ein, der von der Persönlichkeit her am besten zu uns passt. Im Englischen gibt es den Spruch »hire attitudes, not skills«. Stelle Mitarbeiter mit der richtigen Einstellung ein und nicht mit den richtigen Fertigkeiten, denn die kannst du ihnen beibringen. Eine weitere Aussage ist: Menschen werden wegen ihrer fachlichen Qualifikationen eingestellt – und werden wegen ihrer fehlenden Persönlichkeit wieder entlassen. Deswegen ist es so wichtig, dass du eine starke, selbstsichere Persönlichkeit wirst – so schnell wie möglich. Ziehe aus, werde erwachsen! Ausziehen ist eine der Grundregeln.

Wer mit 25 Jahren noch bei den Eltern wohnt, hat etwas falsch gemacht.

Lerne den Wert der Arbeit und des Geldes schätzen

Mein zweites Learning, meine zweite Erkenntnis in diesem Zusammenhang war: 980 Mark, das war mein erstes regulär verdientes Geld; jedoch nicht mein erstes Geld, für das ich gearbeitet hatte. Mit 13 Jahren hatte ich schon beim Nachbarn im Garten geholfen und dafür Geld bekommen. Heimlich, denn mein Vater wollte nicht, dass ich Ferienjobs mache oder beim Nachbarn etwas für Geld erledige. »Das haben wir nicht nötig.« Ich hatte es aber nötig – während er es nicht mochte, weil sein Status darunter gelitten hätte. Daher rate ich meinen Kindern: Sucht euch Ferienjobs. Verbringt nicht die ganzen Ferien einfach nur mit Spaß und Urlaub. Lernt zu arbeiten und übt gerade auch solche Tätigkeiten aus, die nicht unbedingt Spaß machen. Auf diese Weise lernt ihr nämlich den Wert der Arbeit und des Geldes besser zu schätzen.

Es gibt Dinge, die lassen sich nicht erklären. Die musst du selbst erlebt haben. Ich habe ein Jahr lang in der Fabrik gearbeitet und ein Jahr lang Sachen gemacht, über die du überhaupt nicht nachdenken musst. Ich habe nur funktioniert: pünktlich da sein, sich an die Regeln halten, fleißig sein, mit den Kollegen gut auskommen, pünktlich Feierabend machen. Ende. Es wäre schön gewesen, diese Erfahrung schon einmal drei Wochen in den Sommerferien, während eines Ferienjobs, gemacht zu haben. Ich rate jedem dazu, mal ein paar Tage, ein paar Wochen ausdrücklich einmal eine stumpfsinnige Arbeit auszuüben; einfach um wertzuschätzen, was andere tun, um ihr Geld zu verdienen. In Dubai wohne ich am Stadtrand, und zwar auf der »Palme«. Vielleicht hast du schon davon gehört? Das ist die größte künstliche Insel der Welt, eben in Form einer Palme. Der Außenumfang beträgt geschätzte zehn Kilometer und außen gibt es entlang der Promenade ein Geländer. Zehn Kilometer Geländer. Arbeiter, meistens aus Indien oder Pakistan, haben dort den ganzen Tag nichts anderes zu tun, als dieses Geländer zu putzen, das permanent dem Salzwasser und der Seeluft ausgesetzt ist. Sie fangen morgens an und hören abends auf. Sie haben einen Putzlappen, und sie laufen die ganze Zeit am Geländer entlang, um die drei Rohre, die Bestandteile des Geländers, zu reinigen. Es sind mehrere Leute, aber jeder arbeitet für sich und hat seinen Abschnitt. Die Arbeit ist stupide. Aber sie verdienen viel mehr Geld, als sie in ihrer Heimat verdienen könnten. Sie können damit ihre Familien finanzieren.

Ich finde es wichtig, dass jeder mal so etwas gemacht hat. Damit er den Wert des Geldes schätzt und damit er niemals seine Nase über solche Arbeiten und die Menschen rümpft, die diese Tätigkeiten ausführen. Und mein Vater wollte das nicht. Ich bin damals mit dem Nachbarsjungen aufgewachsen, mit Frank. Frank war ein Pflegekind der Nachbarsfamilie. Es waren nicht seine leiblichen Eltern. Frank ist in unsere Nachbarschaft gezogen, als ich zehn oder elf Jahre alt war. Er ist ein Jahr älter gewesen als ich und war schon viel weiter in der Persönlichkeitsentwicklung. Frank hat sich immer Geld dazu verdient. Vor der Schule trug er morgens Zeitungen aus, bei jedem Wetter. Wow, was für eine Persönlichkeitsschulung! Ich war sehr beeindruckt von ihm. Und das sage ich nicht nur rückblickend – ich habe es bereits damals so gesehen.

Frank hat damit 120 D-Mark im Monat gemacht (umgerechnet wären es 60 Euro, aber es würde heute einem Wert von etwa 120 Euro entsprechen). Das war viel Geld, ich hatte vielleicht zehn Mark (fünf Euro) Taschengeld pro Woche. Frank hat bei den Nachbarn im Garten das Unkraut gezupft und alle möglichen weiteren Jobs gemacht, mit denen man Geld verdienen konnte – und er hat es immer gespart. Fange also früh an, selbst Geld zu verdienen – und du wirst ein anderes Verhältnis für Geld entwickeln. Du wirst anders damit umgehen.

Zu diesem Thema habe ich viele Fragen bekommen: »Dirk, ich bin 15, was rätst du mir jetzt, um Geld zu verdienen?« Hier schlagen zwei Herzen in meiner Brust, was zeigt, dass ich viele Antworten nicht pauschal geben kann. Auf der einen Seite sage ich: Suche dir einen Job, der dir keinen Spaß macht und lerne, Geld wertzuschätzen. Auf der anderen Seite gibt es heute etwa über Online-Marketing, Affiliate-Marketing und Ähnliches so viele Möglichkeiten, bequem von zu Hause aus viel Geld zu verdienen, vom Sofa aus mit dem Smartphone oder dem Notebook. Wenn du weißt, wie es funktioniert, und wenn du clever bist. Der Nachteil dabei ist: Es ist zu leicht. Du wirst ganz schnell ein paar hundert Euro jede Woche verdienen, aber es ist zu leicht. Wenn es ums schnelle Geld geht, mache Online-Marketing oder Affiliate-Marketing. Wenn es darum geht, später eine starke Persönlichkeit zu sein – und mit Niederlagen und Widerständen umgehen zu können –, dann zahlt es sich aus, mit 15 Jahren Jobs zu machen, auf die du eigentlich keine Lust hast. Ich rate daher meinen Kindern: Wir können über beides sprechen, aber ich will beides sehen!

Suche dir einen Job, der dir keinen Spaß macht und lerne, Geld wertzuschätzen.

Nach dem ersten Jahr in der Fabrik hat mir Frank meinen zweiten Job besorgt. Er war damals in der Firma Burgwächter tätig und wollte dort eine Lehre als Elektriker machen. Es gab aber in dem Jahr keine freie Lehrstelle. »Bleib doch ein Jahr als

Arbeiter hier, verdien schon einmal Geld, und dann machst du später die Lehre«, hat man ihm gesagt. Das hat er getan, gutes Geld verdient, er war ja schon 18. Nach einem Jahr hat man ihm gesagt: »Mensch, warum willst du jetzt noch eine Lehre machen? Du bekommst doch gutes Geld, bleib hier.« Frank ist heute noch in derselben Firma und arbeitet dort als ungelernter Arbeiter. Ich habe lange keinen Kontakt mehr zu ihm gehabt. Ich glaube, er ist zufrieden. Ob er glücklich ist, weiß ich nicht. Aber es wäre nicht mein Weg gewesen.

Auf jeden Fall hat Frank mir einen Job besorgt, und zwar als angelernter Schweißer. Ich habe an einem Schweißroboter Tresore zusammengeschweißt. Gesund war das nicht. Ständig habe ich Schweißdämpfe eingeatmet. Es war körperlich sehr anstrengend, aber ich habe das gemocht. Ich finde es gut, körperlich zu arbeiten, und ich mag es, wenn man danach körperlich erschöpft ist. Das Wichtigste bei der Tätigkeit war jedoch, dass ich nach Akkord bezahlt wurde; das heißt, es gab einen Leistungslohn. Wenn ich die Vorgaben erreicht hatte, habe ich 16,40 Mark in der Stunde verdient. Der 45-jährige Familienvater, der seit zehn Jahren den Job an der Nachbarmaschine gemacht hatte, hat brutto das Gleiche erhalten wie ich – und das war mir wichtig. Ich wollte, dass es gerecht zugeht. Wenn ich viel arbeite, will ich das gleiche Geld haben wie die, die ebenfalls viel arbeiten. Ich finde es unfair, wenn jemand mehr Geld bekommt, bloß, weil er einen anderen Abschluss hat oder älter ist. Ich will nach Leistung bezahlt werden, und das hat sich wie ein roter Faden durch mein Leben gezogen. Ich finde das gut, es ist fair.

Dr. Natalia Wiechowski: »Lebe dein eigenes Leben – und nicht das, was andere von dir erwarten«

Auf dem Höhepunkt ihres beruflichen Werdegangs, innerlich leer und unzufrieden, kündigte Dr. Natalia Wiechowski ihren sicheren Job und fing noch einmal ganz von vorne an. Während eines neunmonatigen Sabbaticals veränderte sie die Art und Weise, wie sie dachte, sprach, handelte, aß und konsumierte. Sie verpflichtete sich dazu, ihr Traumleben in die Realität umzusetzen, ihren sinnbehafteten Traumberuf selbst zu erschaffen, und gründete »Think Natalia«. Ihre Passion ist es, Menschen, die ihre bisherigen Arbeitgeber verlassen haben, um ihr eigenes Ding durchziehen, zu »coachsulten«. Ihre Zielgruppe sind Coaches, Berater, Trainer, Autoren, Keynote-Speaker und andere Experten aus Firmen wie IBM, SAP, Bosch, Nestlé, Microsoft oder Coca-Cola. Natalias Ziel: eine Gemeinschaft von einer Million (Quer-)Denkern und Machern zu entwickeln und zusammenzuführen, die den Status quo nicht nur infrage stellen, sondern auch verändern, »die selbst die Veränderung sind, die sie sich für diese Welt wünschen«. Wiechowski berät und spricht als Keynote-Speakerin und Trainerin weltweit, kommt ursprünglich aus Hannover und lebt in Dubai. Sie begann ihre Reise als Diplom-Sozialwissenschaftlerin, entfaltete sich zur Doktorin der Philosophie, zum »LinkedIn Marketing Einhorn« (Wirtschaftsmagazin Inc.), Forbes Coaches Council-Mitglied, »Top-Exper-

tin« (ERFOLG Magazin), *zur LinkedIn-Learning-Autorin, zum »Top 100 Leader in Education« (GFEL) und damit zur führenden Edutainerin des Nahen Ostens.*

Links zu Natalia Wiechowski: LinkedIn, Instagram, YouTube und Facebook-Account: (@ThinkNatalia)
www.thinknatalia.com

1) Mal angenommen, du würdest heute dein 18-jähriges Ich treffen, welchen Rat würdest du ihm geben?
Fange an zu meditieren. Ich weiß, was du jetzt denkst. Lasse mich bitte ausreden ... Meditation ist keine religiöse Praxis! Du brauchst weder einen Bart noch lange Achselhaare, um zu meditieren. Leistungssportler, Vordenker und Top-Unternehmer nutzen dieses Instrument, um ihre Ziele schneller und einfacher zu erreichen und um ein balanciertes Leben zu führen. Meditieren wird dir dabei helfen, dich mit der Stimme in deinem Kopf anzufreunden. Nein, du wirst sie niemals vollkommen kontrollieren können. Wenn du allerdings lernst, mit ihr umzugehen, sie zu handhaben und dich nicht mit ihr zu identifizieren, wirst du ein wesentlich einfacheres und glücklicheres Leben leben. Denn du bist weder deine Gedanken noch deine Gefühle. Du bist so viel mehr.

2) Was würdest du einem heute 18-Jährigen raten?
Arbeite an deiner *Personal Brand*. Was meine ich damit? Arbeite und lebe nicht so, wie es dein soziales Umfeld - deine Familie, Freunde, Schule und so weiter - von dir erwartet. Stattdessen habe den Mut, für dich

selbst herauszufinden, was dir wichtig ist, was dich ausmacht und was du tun musst, um ein erfülltes Leben zu leben. Setze dich mit Fragen auseinander wie: Was sind meine Werte? Was sind meine privaten und beruflichen Ziele? Wie möchte ich die Welt ein bisschen besser machen (und weshalb)? Wofür brenne ich? Wofür stehe ich? Wie möchte ich wahrgenommen werden? Wer sind meine Vorbilder? Habe Geduld, denn diese Fragen lassen sich nicht innerhalb von fünf Minuten beantworten. Habe das Durchhaltevermögen und die Neugier, über diese Dinge zu grübeln. Dein 30-jähriges Ich, deine Seele und dein Körper werden dir dafür danken.

3) Was würdest du im Nachhinein als deinen größten Fehler bezeichnen, den man vermeiden sollte?

Ich habe die ersten 29 Jahre meines Lebens damit verbracht, jedermanns Liebling zu sein und so zu leben und zu handeln, wie es andere von mir erwarten. Das ging mächtig in die Hose: Kurz vor meinem 30. Geburtstag landete ich bis zu ein-, zweimal pro Monat mit massiven Schmerzen im Krankenhaus. Ich war unglücklich, fand mich nicht erfolgreich, meine Karriere als sinnfrei und mich energielos. Und dies, obwohl ich im sonnigen Dubai lebte, mit meinem Team auf den Titelseiten von führenden Industriemagazinen abgelichtet wurde, wir im Nahen Osten Exzellenzpreise gewannen und ich einen flotten Sportwagen fuhr. Heute, sechs Jahre später, habe ich meine eigene Firma, arbeite an Dingen, die mir Spaß machen, mit Menschen, die mir wichtig sind. Mein Fazit: Anderen Menschen zu helfen, ist essenziell. Dich für andere Leute aufzugeben oder systematisch zu verstellen, wird dich langfristig deine Gesundheit kosten.

4) Was hatte die größte positive Auswirkung auf dein Leben?
Die Entscheidung, alles was ich wusste - oder von dem ich meinte, es zu wissen - infrage zu stellen, noch einmal von vorne anzufangen und mich neu zu erfinden. War es einfach? Nun, ich war vollkommen raus aus meiner Komfortzone. Hatte ich Angst, meinen Verstand zu verlieren? Absolut! Heute denke ich, dass dies auch notwendig ist, wenn du zu deinem besten Selbst werden möchtest. In meinem »zweiten Leben« gebe ich täglich mein Bestes, um ein bisschen weiser, gütiger und herzvoller zu werden, als ich es gestern war; Dinge aus einer anderen Perspektive zu sehen und zumindest einen Menschen zum Lachen und zum Nachdenken zu bringen. Und weißt du was? Ich fühle mich so glücklich, gesund, erfolgreich und energiegeladen, wie ich es noch nie zuvor im Leben war.

Ich kündige einen gut bezahlten Job – und mache eine Ausbildung

Nach einem Jahr in der neuen Fabrik war mir klar, dass ich nicht mein Leben lang in der Fabrik bleiben möchte – so wie am Ende Frank. Ich wollte nicht mein Leben lang mit den Händen arbeiten, und ich wusste, dass es auch nicht gesund war, was ich da machte. In zehn oder zwanzig Jahren würde ich die Quittung dafür bekommen, wenn ich hierbliebe. Also habe ich mich auf einen Ausbildungsplatz beworben. 120 Bewerbungen habe ich damals verschickt – und zu der Zeit gab es noch keinen Fachkräftemangel, sondern weitaus mehr Bewerber als Lehrstellen. Angefangen habe ich mit dem Beruf des Werbekaufmanns, dann Kaufmann der Grundstücks- und Wohnungswirtschaft, dann Industriekaufmann und schließlich Groß- und Außenhandelskaufmann. Das ist es später auch geworden. 120 Bewerbungen – und ich habe mich so dumm angestellt. Wahllos habe ich Initiativbewerbungen verschickt. Ich hatte mich vorher nicht mit den Firmen beschäftigt, die Anschreiben nicht individuell gehalten und vor allem nicht vorher angerufen, um mehr über die Stelle und besonders den Ansprechpartner zu erfahren; alles Dinge, die ich dir später noch genauer erklären werde. Daneben war ich auch beim Arbeitsamt gelistet und habe dort immer wieder von freien Lehrstellen erfahren – und habe mich sofort da beworben. Am Ende hat die 120. Bewerbung ins Schwarze getroffen, aber es war reiner Zufall. Es handelte sich um einen Heizungs- und Sanitärgroßhandel, 15 Kilometer von meinem Wohnort entfernt. Die hatten eigentlich schon einen Auszubildenden, aber etwas war schiefgelaufen. Sie haben ihm abgesagt. Ich war Plan B, zweite Wahl also – aber es war meine Chance, aus der Fabrik rauszukommen.

Surflehrer zu werden, das war übrigens längst kein Thema mehr. Ich war mittlerweile schon ein Stück weit in meiner Komfortzone – die man ja verlassen sollte, wie ich heute weiß und wie ich es daraufhin auch getan habe: Ich hatte also in meinem Job bis dahin 2000 Mark netto verdient, hatte mein erstes Auto, einen 15 Jahre alten VW-Bus, habe viel Sport gemacht und Erfahrungen mit Mädchen gehabt. Als ich den Zuschlag für die Lehre bekommen habe, bin ich zu meinem Abteilungsleiter in der Fabrik gegangen und habe gesagt: »Herr Abteilungsleiter, ich kündige.«

»Mensch Dirk, warum denn? Du bist doch ein guter Mitarbeiter. Warum willst du denn kündigen?«

»Ich mache eine Ausbildung zum Kaufmann.«

»Aber Dirk, es gibt doch schon so viele Kaufleute. Bleib doch, hier hast du einen sicheren Job, du verdienst gutes Geld und weißt, was du hast.«

Aber das wollte ich nicht. Ich war noch nie jemand, der einfach geblieben ist, weil es bequem war.

Der Ausbildungsort war also 15 Kilometer entfernt. Ich musste umziehen und mich sehr einschränken. Von 2000 Mark auf 550 Mark runter. Ich habe mit einem Freund zusammen eine 4-Zimmer-Wohnung für 500 Mark gemietet. Ein Zimmer haben wir untervermietet, für 200 Mark an eine junge Frau, und mussten so nur noch jeder 150 Mark für die Miete berappen. Mein Auto habe ich sofort verkauft, besser gesagt: Ich habe es verschrotten lassen und von 350 Mark netto im Monat gelebt. Das geht! Du musst nur lernen, mit wenig Geld klarzukommen – und trotzdem habe ich Party gemacht, Sport getrieben, Mädchen gedatet und bin in den Urlaub gefahren. Ich hatte keinen Nebenjob, dafür hatte ich keine Zeit. Neben dem Beruf habe ich damals schon Leistungssport gemacht. Meine neue Liebe hieß: Triathlon, also Schwimmen, Rad fahren, Laufen. Interessant übrigens: Windsurfen kommt aus Hawaii – und Triathlon ebenfalls.

Deine Lehren:

1. Denke langfristig! Wo willst du in fünf oder zehn Jahren sein? Und was musst du dafür tun? Denn die meisten denken viel zu kurzfristig und achten nur darauf, was

sie heute glücklich macht – und nicht, welche Weichen sie stellen müssen, um auch später zufrieden zu sein. Ich habe immer wieder Mitarbeiter in meinem Unternehmen, die nach ein paar Monaten oder gar Wochen gehen, weil sie viel zu kurzfristig denken. Sie lernen etwas bei mir und meinen, dann alles zu wissen – und machen sich sofort selbstständig. Sie hätten viel mehr erreichen können, wenn sie geblieben wären.

2. Manchmal musst du einen Schritt zurückgehen, um anschließend zwei Schritte nach vorne zu kommen. Manchmal lohnt es sich, auf mehr Geld zu verzichten – aber dafür etwas zu lernen, das dich später deutlich weiterbringt.
3. Wer will, findet Wege. Wer nicht will, findet Ausreden.

Ich habe das schon mehrfach empfohlen, in Podcasts, bei YouTube und oben: »Ziehe frühzeitig aus.« Das ist eines meiner Lieblingsbeispiele, denn dann höre ich oft: »Dirk, du scheinst nicht zu wissen, was die Mieten in Großstädten kosten. Du hast keine Ahnung, das ist nicht so einfach.« Ich kann es nicht hören, denn es sind einfach Ausreden! Sei keiner mit Ausreden, übernimm die volle Verantwortung für dein Leben, finde Wege. Mein Weg zur eigenen Wohnung war:

Wer will, findet Wege. Wer nicht will, findet Ausreden.

- Mein Auto verkaufen,
- eine WG mit meinem damals besten Freund gründen und
- ein Zimmer untervermieten.

Das geht. Wer will, findet Wege. Wichtig ist dabei eine starke Persönlichkeit. Wie du sie entwickelst und ausbildest – damit du in der Lage bist, eigenständig bedeutsame Weichenstellungen für dein Leben vorzunehmen –, das erkläre ich im nächsten Kapitel.

Calvin Hollywood: »Befasse dich frühzeitig mit Kommunikation, Menschen und Psychologie«

Calvin Hollywood ist Coach und Speaker aus der Nähe von Heidelberg. Spezialisiert hat er sich auf die Themen Social Media, Selbstvermarktung und Business Lifestyle. Zu seinen Referenzen zählen unter anderem über 500 Live-Vorträge weltweit vor zum Teil mehr als 3000 Zuschauern - und viel Erfahrung bei Webinaren und Onlinevorträgen. Seine Facebook-Fanpage zählt mehr als 100 000 Fans, und auf YouTube hat er mehr als 100 000 Abonnenten. Sein Podcast »Wer will, der kann« ist regelmäßig in den Top Ten der Business Charts.

1) Mal angenommen, du würdest heute dein 18-jähriges Ich treffen, welchen Rat würdest du ihm geben?

Ich würde meinem 18-jährigen Ich raten, sich mehr mit dem Thema Psychologie zu befassen und noch intensiver darauf zu achten, mit wem man seine Zeit verbringt. Zudem würde ich ihm raten, sich mit Persönlichkeitsentwicklung zu befassen, da dies ein sehr wichtiges Thema ist. Und ich würde dem 18-jährigen Ich definitiv raten, stets offen zu sein für Veränderungen, für neue Dinge und Aussicht zu halten nach Chancen, die sich jeden Tag öffnen.

2) Was würdest du einem heute 18-Jährigen raten?
Ich würde ihm raten, sich mit dem Thema Social Media vernünftig auseinanderzusetzen. Ich würde ihm zudem raten, stets viel zu lesen, vor allem Biografien von erfolgreichen Leuten. Und sich ebenfalls mit dem Thema Persönlichkeitsentwicklung zu befassen, weil das die Grundlage ist, worauf alles basiert. In dem Moment, wo sich der 18-Jährige dazu entscheidet, ein Business zu gründen, kommen zwei weitere Themen ins Spiel. Das ist zum einen das Thema Vermarktung/Marketing und zum anderen das Thema Verkaufen. Das sind zwei Bereiche, mit denen man sich früh befassen sollte.

3) Was würdest du im Nachhinein als deinen größten Fehler bezeichnen, den man vermeiden sollte?
Ich glaube, dass ein Fehler nicht unbedingt ein Fehler ist. Ich kann in meiner Vergangenheit keine großen Fehler erkennen, da mich diese »Fehler« zu dem gemacht haben, was ich heute bin. Aber es gibt definitiv ein paar Sachen, die man hätte vermeiden können. Dazu zähle ich unter anderem Schubladendenken. Ich habe viele Menschen getroffen, von denen ich einen Eindruck hatte, und dieser Eindruck hat oft dafür gesorgt, dass ich mich nicht weiter mit dieser Person befasst habe, das war ein »Fehler«. Und es war vielleicht auch ein kleiner Fehler, sich nicht früh genug mit den Themen Kommunikation, Menschen und Psychologie zu befas-

sen. Denn viele Missverständnisse basieren darauf, dass man Menschen falsch behandelt oder falsch interpretiert. Wenn man Wissen über die Themen Psychologie, Sozialpsychologie und so weiter hat, dann kann man da viel vermeiden.

4) Was hatte die größte positive Auswirkung auf dein Leben?

Definitiv meine Familie: meine beiden Kinder, meine Frau. Sie hat mir Ruhe, Sicherheit und Stabilität gegeben, sodass ich gerade im Wirtschaftlichen mutiger sein kann, keine Angst haben muss, weil ich stets weiß, was am Wichtigsten ist und was mich erdet. Das war eine sehr große positive Auswirkung. Dann noch mal die Kombination, später noch mehr auf meine Gesundheit zu achten. Abzunehmen, sportlich zu sein, sich noch mehr mit dem Thema Persönlichkeitsentwicklung zu befassen. Einfach alles, was in dir drin passiert, muss rein sein, damit auch das ganze Wirtschaftliche, das ganze Business in Schwung kommt.

3. Die Entwicklung deiner Persönlichkeit

Worum geht es, wenn du 14, 16 18 oder 22 bist? Du wirst zu einer Persönlichkeit, einem eigenständigen Individuum mit Interessen, Vorlieben, Abneigungen, Wünschen und auch Zweifeln. Abgesehen von den Zweifeln – die tatsächlich erst mit zunehmendem Alter kommen – warst du das vorher auch, aber eben als Kind mit Erziehungsberechtigten, die zu Recht die Leitplanken gesetzt haben. Nun trittst du verstärkt in die Rolle desjenigen, der sich – natürlich im Rahmen von Recht und Gesetz – die Grenzen setzt. Dabei stehst du vor Tausenden von Fragen, die du mangels Erfahrung nicht beantworten kannst. Ja, manchmal kannst du vielleicht nicht einmal bestimmte Gefühle, Phänomene und Erlebnisse einordnen oder sie sich dir bewusst machen, um sie überhaupt in Fragen zu kleiden. Als ich meine Themen für dieses Buch gesammelt und geordnet habe, hat sich daher rasch das eigenständige Kapitel über Persönlichkeitsentwicklung herausgebildet. Und die nachfolgend beschriebenen Punkte stehen dabei für starke Erfolgsfaktoren. Einige davon habe ich bereits im Video angerissen. Doch sie sind so wichtig, dass ich sie hier wesentlich ausführlicher darstelle, einordne und mit persönlichen Beispielen illustriere.

Selbstbewusstsein und Selbstvertrauen

Vor ein paar Jahren habe ich mit einem Kollegen zusammengesessen und darüber gesprochen, was wir unseren Kindern einmal außer materiellen Werten und Geld hinterlassen möchten.

Er sagte: »Es sind drei Dinge. Erstens Selbstvertrauen, zweitens Selbstbewusstsein, drittens verkaufen zu können.« Der Kollege ist sehr erfahren und hat drei fast erwachsene Kinder. An dem, was er sagt, ist viel Wahres dran.

Was ist Selbstbewusstsein? Wikipedia sagt unter anderem dazu:

»Der Begriff Selbstbewusstsein hat mehrere Bedeutungsebenen. Es gibt ein Selbstbewusstsein des Individuums, aber auch ein kollektives Gruppenselbstbewusstsein. Zum einen wird darunter das aktive, durch innere Denkvorgänge herbeigeführte, Erkennen der eigenen Persönlichkeit verstanden (...) Die Frage: ›Wer oder was bin ich?‹ kann als Ergebnis dieses Denkvorgangs beantwortet werden. (...)«[1]

Weitere Erkenntnisse zum Thema Selbstbewusstsein gewinnt man, wenn man sich die dazu passenden englischen Begriffe anschaut: *self-confidence* und *self-assurance. Confidence* bedeutet »Vertrauen, Zuversicht«; *assurance* steht für »Gewissheit, Sicherheit, Vertrauen«. »Ein selbstbewusster Mensch verspürt diese vier Dinge in so starkem Maße, dass er seiner Zukunft relativ optimistisch, angstfrei, sorglos und unbekümmert entgegengeht, also mit einem gut entwickelten Selbstvertrauen«, heißt es in der Online-Enzyklopädie.[2] Aus diesem Grund ist es auch ein Ausdruck von Selbstbewusstsein, wenn

---

1 https://de.wikipedia.org/wiki/Selbstbewusstsein

2 https://de.wikipedia.org/wiki/Selbstbewusstsein

man von seinen Fähigkeiten und seinem Wert überzeugt ist – und auch selbstsicher auftritt.[3]

Meine Definition von Selbstbewusstsein ist, dass du dir selbst folgender Dinge bewusst wirst:

- deiner Stärken,
- deiner Schwächen,
- deiner Neigungen,
- deiner Abneigungen und
- deiner Talente.

Hierzu gibt eine wunderbare Übung: Führe ein Erfolgsjournal. Am besten besorgst du dir ein dickes Heft mit leeren Seiten, ein dickes Notizbuch. Und du beginnst ab heute, jeden Abend fünf Dinge aufzuschreiben, auf die du stolz bist. Fünf persönliche Erfolge. Das müssen nicht die ganz großen Dinge sein, sondern auch und gerade die ganz alltäglichen Angelegenheiten: Kleinigkeiten, aber auf jeden Fall fünf, auf die du stolz bist. Du hast heute etwas zu Ende gebracht. Du hast einen Konflikt mit einem anderen Menschen geklärt. Du hast heute den Wecker nicht auf Schlummern gedrückt, sondern bist schon beim ersten Klingeln aufgestanden. Du hast heute keine Cola getrunken ... Was auch immer für dich persönlich ein Erfolg ist. Diese Liste bekommt niemals jemand zu lesen. Sie ist wie ein Tagebuch nur für dich. Schreib es auf. Aber nicht elektronisch oder gar in dein Smartphone. Kaufe dieses leere Buch, Papier und Stift – und schreibe jeden Tag fünf Punkte auf. »Denken auf Papier« sorgt dafür, dass wir unser Gehirn disziplinieren. Unser Gehirn hat keine Lust, sich lange mit einem Gedanken

3 Vgl. https://de.wikipedia.org/wiki/Selbstbewusstsein

zu beschäftigen. Es möchte am liebsten hin und her springen, immer etwas Neues erleben oder erfahren. In dem Moment, wo du dich aber hinsetzt und es aufschreibst, disziplinierst du dein Gehirn und dein Gehirn muss sich mit deinen Erfolgen beschäftigen. Jeden Tag fünf, egal welcher Tag es war, egal wie schlecht der Tag gelaufen ist, du wirst fünf Dinge finden. Es wird dir vielleicht während der ersten ein bis zwei Wochen schwerfallen. Doch danach hast du eine sogenannte selektive Wahrnehmung. Du hast deinem Unterbewusstsein gesagt, worauf es achten soll, und es achtet ab jetzt auf deine Erfolge. Du wirst nach ein paar Tagen feststellen, dass dir etwas Wichtiges gelingt und du sofort daran denkst: »Oh, das trage ich heute Abend ein, das gehört in mein Erfolgsjournal.«

Immer wenn du zweifelst. Immer wenn du unsicher bist, nimmst du dir dein Erfolgsjournal und schaust es dir an. Du liest, was du selbst aufgeschrieben hast. Du erinnerst dich an diese erfolgreichen, positiven Momente, und wenn du zweifelst, liest du selbst, dass du es doch in der Vergangenheit schon so oft geschafft hast. Warum solltest du es jetzt gerade nicht schaffen?! Das ist die Botschaft. Führe es über Wochen, über Monate. Mache daraus eine Gewohnheit und werde zu einer selbstbewussten, selbstsicheren Person.

Florian Homm: »Was du machst, mache es richtig gut«

Florian Homm, MBA, ist Deutschlands bekanntester Hedgefonds-Manager. In seiner Karriere wurde Homm unter anderem dreimal als Europas Hedgefonds-Manager des Jahres ausgezeichnet, war bester US-Spezialfondsmanager, mehrmals bester Europafonds- und Deutschlandfonds-Manager. Homm arbeitete als Analyst, Nostro-Händler und Fondsmanager unter anderem bei Merrill Lynch, Fidelity, Tweedy, Browne und dem Bankhaus Julius Bär, bevor er als Finanzunternehmer und Hedgefonds-Manager US-Dollar-Milliardär wurde. Seine positive, absolute, relative und testierte Performance in den Börsencrashs 1987, 2002 sowie in den Korrekturen 1990 und 1994 ist in Europa einzigartig. Homm spricht sechs Sprachen, ist ehemaliger Botschafter und UNESCO-Delegierter, Basketball-Junioren-Nationalspieler, Harvard-College- und Harvard-Business-School-Absolvent und war auf dem Höhepunkt seiner Karriere auf der Manager-Magazin-*Liste der reichsten Deutschen. Bekannt wurde er einem breiten Publikum durch die erfolgreiche Sanierung des Fußballvereins Borussia Dortmund und als mehrfacher Bestsellerautor. Homm ist keineswegs unumstritten und polarisiert stark. Seit Jahren verteidigt er sich gegen diverse Anschuldigungen aus den Jahren 2004 bis 2007. Homm ist praktizierender Katholik und in diversen karitativen Organisationen tätig.*

Florian Homm als Mensch: florianhomm.org

Das neue Buch von Florian Homm: https://amzn.to/2TLfHvv
Florian Homms YouTube-Kanal: https://www.youtube.com/channel/UC9Iq-yi4q3IsnSEXItzpqcQ
Dirk Kreuter und Florian Homm haben gemeinsam mehrere Interviews geführt, die auch auf YouTube zu finden sind.

1) Mal angenommen, Sie würden heute ihr 18-jähriges Ich treffen, welchen Rat würden Sie ihm geben?
Es geht doch alleinig um deine Glückseligkeit hier in diesem Leben, um deine Wahrnehmung der wirklich entscheidenden Faktoren. Die kann man ganz leicht in drei Elemente vereinfachen: Erfolg, Emotion und Seele. Um das besser zu verstehen, schau dir bitte mein *3-Kreise-Video* an. Denn du kannst dadurch so viel lernen, ohne das Lehrgeld zu zahlen für ein wirklich intensives, äußerst riskantes und teilweise zerstörerisches Leben.

In diesem Zeitalter gibt es äußerst positive Faktoren, für die du dankbar sein solltest. Es gibt wissenschaftliche Erkenntnisse zum Thema Glücksfindung, die noch vor einigen Jahrzenten überhaupt nicht vorhanden waren. Du lebst in einem Zeitalter, in dem du tatsächlich durch Fokussierung und Wissen deinen Weg machen wirst. Aber gleichzeitig befindest du dich in einem Zeitalter des medialen Lärms und der Ablenkungen – die es dir erschweren, deinen Weg als Mensch zu gehen. Deswegen empfehle ich dir, die zwei *Florian-Homm- und Dirk-Kreuter-Videos* anzuschauen. Und natürlich geht es um Wissen. Das bestand nicht zu der Zeit, in der ich 18 Jahre alt war. Heute gibt es sensationelle fundierte analytische Einsichten, perfekt dokumentiert.

Und der erste Baustein des Wissens zum Thema deiner Entwicklung ist *Positive Psychology*. Als Einführung reicht der Wikipedia-Eintrag, bitte nur auf Englisch, denn die deutsche Version ist mangelhaft. Auf Google kann man sich den Eintrag einfach übersetzen lassen.

Das zweite wichtige Prinzip heißt PERMA. Das entstand durch einen begnadeten, hochtalentierten Professor Martin Seligman. Das Buch von Professor Seligman auf Deutsch bringt euch weiter, dasselbe gilt natürlich für seine Videobeiträge.

Was die Gesundheit betrifft, nehmt euch bitte die Zeit und schaut euch das Video von Daniel Amen zum Thema Drogen an.

Und letztlich gilt auch im Bereich Wissen ein Grundtenor. Was ihr auch macht, macht es richtig, was denn sonst? Wollt ihr euch eines Tages die Frage stellen: Warum habe ich denn nicht das Optimale erreicht in meinem Leben, meinen Beziehungen und meiner Seele? Wollt ihr euch wirklich diese Frage in meinem Alter stellen? Also lasst euch nicht blenden, verblöden, ablenken durch den Lärm dieser Welt. Lasst euch auf keinen Fall durch negative Menschen runterziehen. Lernt doch etwas aus meinem extrem wilden und extrem riskanten Leben.

Nehmt doch das Positive mit und vermeidet das Negative. Warum solltet ihr denn mein Lehrgeld zahlen? Bitte auf keinen Fall!

2) Was würden Sie einem heute 18-Jährigen raten?
Das Entscheidende – ich rede jetzt über Erfolg im Leben – ist die Passion und die Begeisterung für eure Tätigkeit. Denn wenn ihr begeistert seid, dann ist Arbeit Hobby und nicht Pflicht. Hier stellt sich die Frage für euch, ob ihr lieber Unternehmer oder Angestellter sein wollt. Denn es gibt Bereiche, viele Bereiche, in denen es beste Perspektiven als Angestellter und als Unternehmer gibt. Dazu gehört die Pflege, das Handwerk und definitiv der Beruf des Elektrikers. Wir befinden uns im digitalen Zeitalter, es verändert sich alles bei Marketing und Werbung, auch durch die Onlinemedien. Andere Wachstumsbranchen sind Ökologie, Ernährung, Wasser, digitales Investieren und digitales Finanzwesen, um nur einige Beispiele zu nennen. Und wenn ihr euch für eine Industrie oder Unternehmung entscheidet, überlegt euch sehr genau, ob diese Berufsvision Rückenwind oder Gegenwind hat. Denn wenn eine Branche Rückenwind hat, stellt sich der Erfolg leichter ein, als wenn es eine Branche ist, die stagniert oder auf Raten stirbt.

Und beim Unternehmertum bitte ich euch, noch auf einen weiteren Faktor zu achten. Habt ihr bei eurer unternehmerischen Vision wirkliche Alleinerkennungsmerkmale und könnt ihr sie auch ohne extremen oder hohen Kapitalbedarf umsetzen?

3) Was würden Sie im Nachhinein als Ihren größten Fehler bezeichnen, den man vermeiden sollte?
Das *3-Kreise-Video* ist die Zusammenfassung von 45 Jahren intensiven Daseins und der Verletzung die-

ser drei Kreise, die von zentraler Bedeutung sind. Sie sind die Ursache meiner größten Fehler und Niederlagen. Konkret: Ein Leben voller Erfolg zu fördern und zu fordern, ist ohne Liebe, Gemeinschaft, Seele und Sinn wertlos. Blindes Abenteurertum und blinde Lebensintensität führten mich oft in absurde Risiken, teilweise selbstzerstörerische Maßnahmen mit direkt eingebauten destruktiven Tendenzen. Und das teils geschäftlich, aber vor allem im zwischenmenschlichen Bereich.

Ihr solltet auf jeden Fall Drogen jeder Art vermeiden. Dazu reicht es aus, sich einen kleinen Vorgeschmack zu holen durch das Daniel-Amen-Video auf TED Talk. Also keine Drogen – und Erfolg, Beziehungen und eure Seele im Einklang halten, das ist das Erfolgsrezept.

4) Was hatte die größte positive Auswirkung auf Ihr Leben?

Da gibt es zwei Faktoren. Für mich hat mein Großonkel Josef Neckermann, mein de facto Großvater, im Bereich Erfolg, Fokus und Lebensintensität die größte Auswirkung gehabt. Das lässt sich zusammenfassen mit dem Satz: »Was du machst, mache es richtig gut.«

Die zweite positive Auswirkung auf mein Leben waren 15 Monate Gefängnis, unter widrigsten Bedingungen in der Auslieferungshaft in Italien. Das brachte mir Einsichten auf das Wesentliche im Leben. Im Kern geht es um jene Aspekte, die man nicht voneinander trennen kann und die miteinander verflochten sind: Erfolg, Beziehungen, Sinn und Seele. Für mich war die Erkenntnis ein kleines blaues Buch: *Die Botschaften der Barmherzigkeit der Jesus Mutter für die Welt*. Um das Thema besser zu verstehen und auch sinnvoll anzuwenden, geht doch bitte auf die folgende Website: https://www.olmoms.org/.

Durch das Gefängnis habe ich die Liebe entdeckt. Den Frieden durch Geben, durch Dankbarkeit, durch Gebet, Reflexion, Meditation. Also etwas Zeit jeden Tag in intensiver Ruhe zu verbringen. Und das Resultat durch meine Erfahrungen mit meinem Opi Josef Neckermann im weltlichen Erfolg und durch die Lektionen, die ich am besten im Gefängnis gelernt habe. Durch die Lektion der Liebe, des Vertrauens, der Dankbarkeit und der Hoffnung bin ich heute viel glücklicher, viel stärker, definitiv weiser und insgesamt erfolgreicher geworden.

Und diese Erkenntnisse basieren auf den höchsten Ebenen des weltlichen Erfolgs und den niederschmetterndsten Tiefpunkten mit Multipler Sklerose, mit einem überlebten Attentat und einer Kugel im Rücken.

Danke, dass ihr meinen Beitrag gelesen habt und geht bitte auf die folgenden Links, um mehr zu wissen.

Hier die Links zu den Videos, die im Interview erwähnt wurden:

Das 3-Kreise-Video: https://www.youtube.com/watch?v=ULxNotLVYUc

Positive Psychology – Martin Seligman: www.youtube.com/watch?v=5CpLEOO5oyo

Daniel Amen – TEDxOrangeCoast: www.youtube.com/watch?v=esPRsT-lmw8

Freiwillige vor!

Egal, ob ich im Sport aktiv war oder später auch die paar Wochen, die ich bei der Bundeswehr verbracht habe: Immer, wenn der Übungsleiter, der Trainer oder der Offizier einen Freiwilligen suchte, habe ich mich gemeldet – immer. Ich wusste nicht, was kommt. Bei der Bundeswehr waren es manchmal Dinge, bei denen ich es bereut habe, mich gemeldet zu haben. Aber es waren manchmal auch Dinge, die klasse waren. Das Gleiche passierte während meiner Trainerausbildung oder wenn ich Seminare als Teilnehmer besuchte. Immer wieder werden Freiwillige gesucht, für eine Übung oder für ein Rollenspiel. Dann geht meine Hand wie ein Reflex hoch. Ich melde mich sofort freiwillig, egal was kommt – und meist weiß man es eben vorher nicht. Denn du lernst am meisten, wenn du nicht nur zuschaust, sondern indem du es selbst machst. Jedes Mal verlasse ich meine Komfortzone, jedes Mal lasse ich mich auf etwas Neues ein, ein kleines Abenteuer. Jedes Mal beweise ich mir selbst, dass ich es hinbekomme. Und selbst wenn ich es nicht hinbekommen habe, habe ich mir zumindest bewiesen, dass ich den Mut habe, neue Dinge auszuprobieren. Ich bin damit mein ganzes Leben gut zurechtgekommen und kann dir daher raten, als Lebensprinzip: Melde dich freiwillig, verlasse deine Komfortzone und probiere andere Dinge aus.

Probieren geht über studieren

Ich werde oft gefragt: »Wie schafft man es, vor größeren Gruppen ohne Angst zu reden?« Nun, es ist mein Alltagsjob, dass ich vor Tausenden von Menschen meine Vorträge halte, und ich weiß oft nicht, was da am Ende herauskommt. Bei einem normalen Vortrag ist dies klar. Aber wenn ich ins Publikum gehe und mit den einzelnen Teilnehmern Live-Coachings mache, interagiere, weiß ich nie, welche Frage kommt und wie der andere reagiert. Das, was ich heute vor Tausenden von Menschen mache, habe ich viele Jahre lang im Kleinen getan. Ich habe jede Gelegenheit genutzt, einen Vortrag zu halten. Stell dir vor, dein Opa wird 80 und auf dem Geburtstag wird die ein oder andere Rede gehalten. Melde dich auch, klimpere mit dem Löffel an dein Glas, stehe auf und halte eine kurze Rede. Wobei du dich natürlich vorbereitet und dir die wichtigsten Punkte zurechtgelegt haben solltest. Mache es nicht spontan. Ob fünf Minuten oder zehn Minuten – frei zu sprechen oder öffentlich aufzutreten, lernst du nicht aus Büchern. Du lernst es nur, indem du es auch wirklich machst. Es reicht auch nicht, es zu Hause vor dem Spiegel zu üben. Üben ja, üben ist professionell und notwendig und gibt dir Selbstsicherheit. Aber das Entscheidende ist, dass du es vor anderen Menschen praktizierst und dass du dann lernst, dass die anderen dir nichts Böses wollen. Je öfter du das machst, desto mehr Selbstbewusstsein wirst du aufbauen.

Lobe jeden Tag fünf Leute

Eine schöne Übung ist es, andere Menschen zu loben, ihnen ein Kompliment auszusprechen, einfach nur als Übung. Wir Menschen lieben Lob und Anerkennung. Man sagt, wenn man nicht mindestens siebenmal am Tag Lob und Anerkennung erhält, wird man depressiv. Also, ich rate dir zur folgenden Übung. Nimm dir vor, jeden Tag fünf Menschen für etwas zu loben: für die schönen Schuhe, das Lächeln, die Ausstrahlung, für etwas, was sie produziert oder geschaffen haben. Jeden Tag fünf Menschen, jedoch nicht nur die, die du schon kennst. Damit kannst du anfangen. Doch das Entscheidende ist, fremde Menschen anzusprechen, und zwar in jeder Situation – im Supermarkt, an der Bushaltestelle, in der U-Bahn. Wenn du jeden Tag fünf Menschen lobst, wirst du fünf Menschen ein Lächeln ins Gesicht zaubern. Du wirst fünf Menschen einen schönen Moment bescheren, und du selbst lernst, aus der Komfortzone herauszukommen, selbstbewusst zu werden. Wenn du selbstbewusst bist, bist du wertvoll für andere Menschen. Du wirst schneller und einfacher einen tollen Partner, eine tolle Partnerin finden. Du wirst mehr Geld verdienen, mehr Erfolg im Leben haben und dir deinen Job aussuchen können.

Jonas Köller: »Mache dir keine Sorgen – es wird sich alles ergeben«

Jonas Köller baute zwischen 2003 und 2012 eine Unternehmensgruppe mit mehr als hundert Unternehmen der Immobilien- und Finanzbranche mit Repräsentanzen in ganz Deutschland auf. Zu Spitzenzeiten verwaltete sie einen Immobilienbestand mit einem Volumen von über vier Milliarden Euro und hielt Mehrheitsbeteiligungen an Finanzvertrieben und Maklerpools mit jährlichen Provisionserlösen von über 100 Millionen Euro. Heute ist Köller Familienvater und lebt als Privatier und Investor in Köln und Wien.

1) Mal angenommen, du würdest heute dein 18-jähriges Ich treffen, welchen Rat würdest du ihm geben?
Ich würde ihm sagen, dass es – auch wenn es heute noch nicht weiß, was es mal beruflich machen wird – sich keine Sorgen machen soll. Es wird sich alles ergeben, und es werden automatisch die richtigen Menschen in sein Leben treten, wodurch es wissen wird, was es machen soll.

Ich hatte als 18-Jähriger schon den Wunsch, erfolgreich und vermögend zu sein, hatte aber keine Ahnung, wie ich das erreichen kann. Dadurch war ich immer etwas beunruhigt, aber das weiß in diesem Alter niemand. Ich glaube nicht, dass Du mit 18 den Wunsch hattest, Verkaufstrainer und Autor zu werden. Grundpfeiler für den Erfolg sind aber Selbstvertrauen und innere Ruhe, daher würde ich meinem 18-jährigen Ich raten, ganz entspannt zu sein, da es schon feststeht, dass ihm der richtige Einfall kommen wird, und dass der Erfolg programmiert ist.

Weiter würde ich ihm raten, schon jetzt *Die Gesetze der Gewinner* von Bodo Schäfer und Power: *Die 48 Gesetze der Macht* von Robert Greene zu lesen, die ich mit etwa 22 Jahren gelesen habe, und die mein Leben veränderten.

Und selbstverständlich würde ich meinem 18-jährigen Ich mitteilen, in welche Aktien es investieren soll, wenn ich die Gelegenheit hätte, ihm etwas mitzuteilen.

2) Was würdest du einem heute 18-Jährigen raten?
Ich würde ihm raten, sich – gegebenenfalls neben der Schule – in einem Bereich selbstständig zu machen, für den er eine Leidenschaft hat. Ein 18-Jähriger riskiert ja

nichts, man kann ja nicht vom Teppich fallen. Weiter würde ich ihm raten, die bereits oben erwähnten Bücher zu lesen sowie Bücher von Dirk Kreuter, Warren Buffett und Max Otte, die ich leider erst mit über 30 gelesen habe.

3) Was würdest du im Nachhinein als deinen größten Fehler bezeichnen, den man vermeiden sollte?

Man sollte selbstverständlich nie die Grenze der Legalität überschreiten und lieber akzeptieren, dass die Dinge eben nicht in der gewünschten Geschwindigkeit vorangehen, und dass man etwas langsamer ans Ziel kommt. Fehlende Geduld kann in der Businesswelt ein großer Fehler sein, auch wenn man andererseits natürlich jede Idee so schnell wie irgendwie möglich umsetzen sollte.

Des Weiteren bedauere ich, dass ich Immobilien, die ich in den letzten zehn Jahren gekauft und mit hohen Gewinnen weiterverkauft habe, nicht bis heute im Bestand gehalten habe, diese wären heute das Dreifache wert. Aber wie sich der Markt entwickelt, weiß man eben vorher nie.

4) Was hatte die größte positive Auswirkung auf dein Leben?

Neben der Geburt meiner wundervollen Tochter Estelle hatten tatsächlich die Selbstständigkeit, der Aufbau eines Unternehmens und finanzieller Erfolg die positivste Auswirkung auf mein Leben. Sie haben mir Dinge ermöglicht, wovon ich früher nicht einmal zu träumen gewagt hätte.

Einen Mentor finden – worauf du achten solltest

Ich bekomme so unfassbar viele Fragen gestellt. Aus vielen habe ich zitiert – und folgende Kategorie erreicht mich ebenfalls oft: »Dirk, willst du mein Mentor werden? Dirk, wie finde ich einen Mentor? Dirk, ich brauche einen Mentor.« Diese Fragen kommen naturgemäß eher von jüngeren Menschen, meistens von jüngeren Männern – und ich kann das nachvollziehen. Einen Mentor zu haben, das ergibt Sinn.

Was ist ein Mentor?
Als Odysseus – ein Held der griechischen Mythologie – in den Krieg gegen Troja gezogen ist, hat er seinem Sohn einen vertrauten Berater an die Seite gestellt. Der Sohn hieß Telemach, und er sollte nicht allein zurückbleiben. Vielmehr wollte Odysseus jemanden für ihn haben, der ihn in alle neuen Wissensgebiete einführt, den er immer fragen kann – und dieser Mann, dieser Vertraute von Odysseus, hieß Mentor. Er wurde damit zum Namensgeber für regelmäßige Ratgeber und Lebensbegleiter.

Wir alle haben Mentoren. Zumindest hoffe ich, dass du einen Mentor hast beziehungsweise hattest. Meist ist es der Opa oder bei den Mädchen die Oma, und zwar auch, weil sie nicht direkt in disziplinarischer Verantwortung sind und etwas an der Seite stehen. Das kennst du: Die Eltern verbieten stets alles, und die Großeltern erlauben immer alles. Gerade weil sie nicht in direkter Führungsverantwortung stehen, können sie oder eine Tante, ein Onkel dir Tipps und Ratschläge geben. Sie sagen dir, was du machen und was du nicht machen sollst. Später ist es vielleicht ein großer Bruder, der dein Mentor ist (er muss schließlich erst Erfahrungen sammeln) und bei dem du dir Rat holen kannst. Es kann aber auch sein, dass es ein Nachbar ist. Meistens ist der Mentor deutlich erfahrener, wesentlich älter, und er hat eine Kompetenz im Weitergeben von Wissen – der vielleicht wichtigste Punkt.

Warum ergibt es Sinn, einen Mentor zu haben?
Immer dann, wenn du nicht weiterweißt – denn das Problem in der heutigen Zeit ist nicht Wissen –, gibt er dir Halt. Wissen findest du komplett im Internet, bei YouTube, in Büchern, überall im Netz. Aber das, was wir suchen, ist Orientierung. Du erinnerst dich: Die fehlende Orientierung heutzutage war geradezu der Ausgangspunkt, die Motivation dafür, dieses Buch zu schreiben. Gerade junge Menschen suchen nach Orientierung. Das gilt aber nicht nur für jüngere Menschen, das ist altersunabhängig, und es kann auch je nach Lebenssituation immer wieder, selbst im Alter, vorkommen, dass du dir einen Mentor wünschst. Es ergibt sogar Sinn, für unterschiedliche Bereiche jeweils einen Mentor zu haben, zum Beispiel in einem neuen Unternehmen, an einer neuen Schule oder in einer Sportart. Auch an der Schule meiner Kinder ist es so, dass die älteren Kinder selbst Mentoren sind; Partner für die, die neu an die Schule kommen. Das heißt, nicht die Lehrer geben eine Orientierung, wo das Mittagessen stattfindet, wie die AGs organisiert sind, wo die Turnhalle ist. Vielmehr erhalten alle neuen Schüler einen älteren, erfahreneren Schüler als Paten oder Mentor, den sie immer fragen können, wenn sie nicht wissen, wie bestimmte praktische Dinge in der Schule laufen. Mentoren geben Orientierung, und das ist so wichtig in der heutigen Zeit. Denn Wissen haben wir genug, ja, es ist so sehr im Überfluss vorhanden, dass manche genau

davon überwältigt sind. Mentoren bieten durch ihre Erfahrung Orientierung.

Was ist ein Mentor, und was ist er nicht? Wie findest du ihn? Wie sprichst du ihn an?
Erst mal, ein Mentor ist in der Regel älter als du, oftmals deutlich älter. Ein Mentor kennt sich in einem bestimmten Bereich besser aus, nicht in allen Bereichen, und er zeigt dir, wie das geht. Du kommst beispielsweise in eine neue Fußballmannschaft, und jetzt suchst du dir jemanden aus dem Verein, das kann der Masseur oder der Zeugwart sein. Aber es sollte nicht der Trainer sein, da er in der Führungsverantwortung steht. Der Mentor sagt dir, wie das in dem Verein läuft, er kann dir auch Kontakte vermitteln. Er gibt dir also nicht nur Orientierung, sondern er ist auch jemand, der seine Kontakte für dich einsetzt.

Worauf solltest du achten?
Manche Leute sagen: »Ich muss warten, bis ein Mentor mich findet.« Das ist natürlich Unsinn. Du wartest nicht, dass er dich findet – denn er braucht dich gar nicht. Vielmehr suchst *du* ihn dir, und wenn du ihn suchst, suche dir jemanden, den du persönlich magst. Einen Mentor wählst du nicht nur aus, weil er erfahrener und auf bestimmten Gebieten besser ist, sondern du musst ihn auch sympathisch finden. Die Chemie muss stimmen, sonst könntest du dich ihm nicht öffnen und anvertrauen. Nimm ihn nicht, nur weil er über ein gutes Netzwerk verfügt und erfahren ist. Ihr müsst auch zwischenmenschlich miteinander klarkommen und kommunikativ auf einer Wellenlänge liegen. Beobachte diese Person erst einmal eine Zeit lang. Schau, was sie kann und was nicht, wofür sie

steht und auch, wie sie mit anderen Menschen umgeht. Erst dann solltest du dir darüber Gedanken machen, wie du diese Person als Mentor gewinnen kannst. Man geht nicht im ersten Moment hin und schickt über Instagram eine Nachricht: »Hey Dirk, werde mein Mentor. Ich bin auch bereit, alles zu tun, sag mir, was ich tun muss.« So funktioniert das Spiel nicht. Klar, es wäre so einfach. Du setzt dich hin und schreibst mir in einer Minute, wenn überhaupt, eine Nachricht: »Hey Dirk, werde mein Mentor.« Nein, du musst da schon ordentlich investieren. Denn ein Mentor investiert seinerseits viel Zeit und Energie in dich – nicht nur eine Instagram-Nachricht. Mache mehr.

> Du suchst dir deinen Mentor aus – und dann kämpfst du um ihn.

Beobachte diese Person. Finde heraus, was sie mag und was nicht, und spiele diese Karte erst später. Finde beispielsweise heraus, was diese Person mag und schicke ihr ein passendes Geschenk. Das muss gar nicht teuer sein. Also, bei mir haben in der Vergangenheit Sachen funktioniert wie etwa, dass mir jemand eine große Kiste mit Red-Bull-Dosen geschickt hat, also, volle Dosen natürlich. Ich hatte mal eine Zeit, da habe ich jeden Tag Red Bull getrunken, und der, der mich als Mentor haben wollte, hat sich mit meiner Person beschäftigt und erkannt, Dirk mag Red Bull, also schicke ich ihm Red Bull – cool! Der hatte meine Aufmerksamkeit, weil ich dachte: »Wer hat sich so mit mir beschäftigt?« Es kann auch ein gutes Buch sein. Jemand wusste beispielsweise, dass ich mich für Motocross interessiere und eine Reise in ein bestimmtes Land machen möchte, das mich interessiert. Dann hat er mir ein Buch über diese Themen geschickt, und auch das war großartig. Denn er hatte sich vorher mit mir beschäftigt, mit meinen Wünschen, und so hatte auch er meine Aufmerksamkeit. Aber du bekommst niemals meine Aufmerksamkeit, weil du mir eine Instagram-Nachricht schickst. Ich finde das nett, und du erhältst auch von mir eine Antwort. Aber so wirst du mich nie motivieren, dein Mentor zu werden.

Also, beschäftige dich mit der Person, finde heraus, wofür diese Person steht, was sie mag, und dann schickst du ihr nicht einfach eine E-Mail oder einen Brief. Obwohl ein Brief heutzutage schon fast cool wäre. Stattdessen lädst du diese Person erst einmal informell ein. Informell heißt, auf einen Kaffee, zu etwas Unverfänglichem, Unverbindlichen, wo eine geringe Kontaktschwelle da ist. Du machst einen guten Einstieg, du hast das Interesse geweckt, und später kommt die Einladung zu einer speziellen Sache. Jemand hat gesehen, dass wir eine Vertriebsoffensive in Halle an der Saale haben, und in der Nähe, in Leipzig, ist ein Porschewerk. Er wusste, dass ich Porsche gut finde. Daraufhin hat er mich eingeladen, eine Besichtigung im Porschewerk zu machen und anschließend auch noch den Porsche 911 auf der Rennstrecke zu fahren. Das hat mir fast den Atem verschlagen, und da habe ich auf seine Mentoren-Anfrage hin gesagt: »Ja, ist in Ordnung, machen wir.« Er bekam meine Zusage und mein Interesse, weil er sich auf mich eingestellt hatte. Wann bin ich wo, was interessiert mich, und er zahlt das alles.

Es kann die Einladung zum Kaffee sein, aber es darf für den zukünftigen Mentor kein Aufwand sein. Es muss für ihn auf dem Weg liegen. Lass dir etwas einfallen, eine Einladung zu einem Vortrag oder zu einem Fußballspiel. Besorge VIP-Tickets. Also, das Beste ist natürlich immer etwas, das ihn interessiert und das man für Geld nicht kaufen kann. Was kannst du für Geld nicht kaufen? In Dubai etwa, wo ich einen Großteil des Jahres lebe, kommst du nicht in den Privatbereich des Burj Khalifa hinein, das mit 828 Metern höchste Gebäude der Welt. Ich beispielsweise kenne jemanden, mit dem wir in den Privatbereich gelangen, in die Lounge und so weiter. Da kommst du als »Normalsterblicher« nicht hin. So etwas ist natürlich herrlich. Da wird ein zukünftiger Mentor sagen: »Das ist klasse, da komme ich mit hin.« Du musst dich mit dieser Person beschäftigen. Du musst den Kontakt herstellen und das Auftakttreffen so einfach wie möglich für den Mentor organisieren – und es muss persönlich sein. Lerne die Person besser kennen; persönlich, nicht nur über Social Media, aus Büchern oder aus Videos. Lerne die Person besser kennen, und im zweiten oder dritten Schritt kannst du danach fragen, ob er oder sie dein Mentor werden will.

Du kannst es auch sehr geschickt anstellen. Eine elegante Formulierung ist: »Sag mal Dirk, wie müsste eine Person sein, und was müsste sie dir bieten, damit du für sie ein Mentor wirst?« Das ist eine wunderbare Frage. Stelle dir vor, du triffst ihn auf einen Kaffee und reißt eine Viertelstunde alle möglichen Themen an, und am Ende kommst du mit so einer Frage. Dann weiß er genau, um was es geht. Aber es wird noch nicht darüber gesprochen. Sondern wir reden darüber erst einmal allgemein. Und auf diese Weise findest du heraus, unter welchen Bedingungen er bereit ist, dein Mentor zu werden.

Nachfassen und dranbleiben

Der Mentor wird, wenn er halbwegs clever ist, nicht sofort Ja sagen. Er wird darüber nachdenken oder er wird dir eine Absage geben. Das kann passieren, und jetzt fasst du nach, du bleibst da dran. Es ist wie beim Verkauf, ja, es ist ein Verkauf. Du bleibst da dran – und die wenigsten fassen übrigens nach. Was zeigst du einem Mentor, wenn du nicht nachfasst? Du zeigst dein Desinteresse. Das ist wie in der Sozialakquise. Wenn ein Junge ein Mädchen kennenlernt, bleibt er auch dran und zeigt damit sein Interesse und dass es ihm ernst ist. Bleibe also dran, schicke ihm noch einen Brief, aber nicht zu »pushy«. Es muss soft und unterschwellig sein, aber zeige dieser Person, dass du sie als Mentor willst.

Emile Ratelband ist ein Motivationstrainer aus den Niederlanden. Vor vielen Jahren wollte er von Anthony »Tony« Robbins ausgebildet werden, einem Amerikaner. Tony sagte: »Alles klar, am 1. Februar kommst du nach San Diego in mein Büro, und ich bilde dich aus.« Ratelband erscheint pünktlich, doch Anthony Robbins ist nicht da, und man weiß auch nicht, wann er wiederkommt. Niemand im Büro wusste etwas von diesem Deal. Also haben sie gesagt: »Setz dich in seine Bibliothek, du kannst Bücher lesen, Videos gucken, und wir schauen mal, wann Tony kommt.« Am nächsten Tag kommt Ratelband wieder, Tony ist erneut nicht da. Während der ganzen ersten Woche sitzt er in der Bibliothek und weiß nicht, was passiert. Dabei hatte er doch allen seinen Freunden und der Familie gesagt, dass er zu Tony in die USA fliegt. Um hier nun die Auflösung zu geben: Nach drei Wochen kommt Anthony Robbins und sagt: »So, Emile, du hast die Aufnahmeprüfung bestanden. Jetzt bilde ich dich aus.«

Wie viele von uns wären drei Wochen lang, jeden einzelnen Tag, dahin gegangen und hätten auf Tony gewartet, ohne ihm den ausgestreckten Mittelfinger zu schicken? Das, was Ratelband gemacht hat, ist Nachfassen, das ist Dranbleiben. Wenn Jungs eine Frau erobern wollen, bleiben sie auch dran und fassen nach. Und wenn ihr einen Mentor haben wollt, müsst ihr ebenso hartnäckig sein – übrigens ein wichtiger Erfolgsfaktor im Leben. Der Mentor muss sehen, dass du es ernst meinst und es dir wichtig ist. Lade ihn noch mal ein, lasse diese Partnerschaft organisch wachsen. Sodass ihr Euch besser kennenlernt und er sieht, ja, der will wirklich, es ist ihm ernst.

Ich kann dir sagen, wie das bei mir ist. Was ich *nicht* mag, ist:

1. Ich investiere Zeit in jemanden, und er tut dann nicht das, was ich ihm sage. Er setzt nichts um.
2. Er ist unzuverlässig. Wir sagen, wir treffen uns um neun Uhr, und er kommt um zehn oder er kommt gar nicht.
3. Er zieht es nicht durch. Er gibt nach drei Wochen oder drei Monaten auf. Das ist für mich eine Ohrfeige und zeigt mir gnadenlos, dass ich mich auf die falsche Person eingelassen habe. So etwas habe ich schon oft erlebt.

Aus diesem Grund muss ich genau an dieser Stelle sagen: Ich werde nicht dein Mentor. Ich bin Mentor für meine Mitarbeiter, ich bin ein Stück weit ein Mentor für die Leute in meiner *Mastermind* – aber ansonsten bin ich kein Mentor. Ich habe einen Mentee oder auch Protegé genannt – so heißen die Leute, die der Mentor betreut –, den ich seit etwa fünf Jahren begleite. Mit ihm stehe ich immer wieder in Kontakt, ich unterstütze ihn, ich mache ihm Kontakte, wir tauschen uns aus. Aber das ist bereits eine langjährige Beziehung. Ich möchte mich auf meine Sachen fokussieren, und deswegen werde ich nicht dein Mentor. Aber in diesem Unterkapitel habe ich dir gesagt, wie du den richtigen Mentor findest.

Pünktlichkeit, Zuverlässigkeit, wirklich das tun, was du gesagt bekommst – vielleicht nicht alles, aber das Wesentliche –, dranbleiben und nicht beim ersten Widerstand aufgeben, das machen die meisten mittlerweile. Gerade junge Menschen aber geben viel zu schnell auf. Vor allem in unserem Kulturkreis, in Deutschland, Österreich und der Schweiz, sind die meisten es nicht (mehr) gewohnt, zu kämpfen – und daher kämpfen sie auch nicht. Das ist generell schlimm, aber gegenüber einem Mentor ist Aufgeben das Schlimmste, was du machen kannst. Wenn du also mit einem Mentor arbeiten willst, gehst du »All-in«. Dann bekennst du dich voll und ganz. Dann bleibst du drin und eierst nicht rum. Wenn du mit dem Mentor arbeitest, frage ihn nach Feedback, das ist ein ganz wichtiges Instrument und Sinn der Sache. Wie wirkst du auf den Mentor? Welche Reaktion zeigt er? Und dieses Feedback nimmst du an, du rechtfertigst dich nicht und suchst auch keine Ausreden. Feedback ist ein Geschenk. Was du später damit machst, ist deine Sache. Aber erst mal nimmst du diese Rückkoppelung an. Frage ihn nach Feedback, nimm es an. Seine Sicht der Dinge wird nicht immer das sein, was du hören willst. Doch daran wächst du, das ist das Wertvolle. Er wird dir auch Sachen nennen, die du anders siehst. Akzeptiere sie, rechtfertige dich nicht, rede dich nicht raus, entschuldige dich nicht, nimm es mit und denke darüber nach.

Wie findest du die richtigen Mentoren?

Beim Lesen von Büchern fallen dir Autoren auf, bei YouTube oder einem Podcast ist es ebenso. Da findest du Menschen, die dich interessieren. Dann recherchiere diese Menschen und gehe in die Tiefe. Die meisten haben ein XING- oder ein LinkedIn-Profil, das zu ihrer Website führt, und so erfährst du mehr über sie. Online und generell in den Sozialen Medien findest du gute Mentoren.

Genauso funktioniert es auf professionellen Network-Events, beispielsweise auf Seminaren. Meine Vertriebsoffensive ist solch ein Network-Event. Wenn du einen Job suchst, Mitarbeiter oder Kunden, komm zur Vertriebsoffensive und zu den Folgeseminaren. Komm in die *Mastermind* rein, da lernst du Leute kennen, und zwar auch Leute, die weiter sind als du und die möglicherweise auch deine Mentoren werden, wenn du dich geschickt anstellst. Mentoren kannst du also überall suchen: online, in den Social Media oder offline, auf Seminaren.

Wenn du einen Mentor für deine Sportart haben möchtest, gehst du natürlich zu einschlägigen Sportevents. Du besuchst Fitnessseminare, Fitnesskurse, und dann schaust du: Wer ist da richtig weit? Wer könnte dein Fitnessmentor sein? Vor Ort wirst du für jede Sportart jemanden finden, der zu dir passt.

Sei Freiwilliger bei Events. Bei unserer Vertriebsoffensive haben wir beispielsweise immer freiwillige Helfer dabei. Die Helfer bekommen als Bonus am Ende des Tages immer eine Gesprächsrunde mit mir. Wenn du dies auch bei ähnlichen Veranstaltungen, die dein Interessengebiet abdecken, so handhabst, dann kommst du auf elegante Weise nah an die Leute ran, die du erreichen willst.

Du kannst auch Branchentreffen besuchen, Kongresse, Messen oder Vortragsveranstaltungen. Für jeden Bereich findest du dort mitunter die Crème de la Crème der Branche auf einen Schlag. Geh zu diesen Konferenzen, schaue dich um und mache Kontakte. Wie oben beschrieben, solltest du die Person, die dich interessiert, natürlich nicht direkt darauf ansprechen, à la:

»Willst du mein Mentor werden?« Schaue dir das Programm an oder die Teilnehmerlisten. Plaudere unverbindlich, etwa in der Kaffeepause am Stehtisch, mit ihr, sprich sie auf ihren Vortrag oder auf einen Diskussionsbeitrag an, tausche Visitenkarten (was bedeutet, dass du vorher welche für dich produziert hast), um in Kontakt zu bleiben. Recherchiere später oder noch während der Veranstaltung über sie und schicke ihr eine kleine Aufmerksamkeit – so wie ich es oben erklärt habe.

Wenn du beispielsweise neu in einer Stadt bist, findest du öffentliche Orte und dort wiederum Leute, die sich an dem Ort gut auskennen und die dich weiterbringen können. Überall kannst du nach ihnen suchen.

Normalerweise ist Mentoring eine Sache, die persönlich zwischen zwei Menschen unter vier Augen stattfinden - also eins zu eins. Mentoring ist nicht Coaching, sondern etwas Informelles. Ein Mentor hat keine besondere Ausbildung absolviert, ein Coach in der Regel schon. Ein Mentor teilt seine Erfahrungen mit dir. Es gibt dabei eine Variante, die ich zum Beispiel nutze und bereits angesprochen habe. Ich habe mir »Mentoren auf Distanz« gesucht – Menschen, die ich also gar nicht persönlich kenne und treffe, ja sogar Menschen, die bereits tot sind oder gänzlich historische Persönlichkeiten. Als ich etwa Triathlon getrieben habe, habe ich solche Mentoren auf Distanz gehabt, sogar live und in Farbe, und sie waren teilweise 15 Jahre älter als ich. Deren Erfahrungen habe ich regelrecht aufgesaugt. 15 Jahre älter – sie waren für mich oft wie Vaterfiguren. Meine Mentoren waren: Dave Scott, Scott Tinley, Lance Armstrong (der etwas jünger ist als ich) oder Dirk

Wenn du Prominente als Mentor willst – suche sie dir auf Distanz. Das geht auch mit Toten.

Aschmoneit. Allerdings wussten nicht alle davon, weil sie mich zum Teil gar nicht kannten. Ich habe sie nämlich aus der Ferne beobachtet und habe geschaut, wie sie trainieren, sich ernähren und welches Material sie nutzen und auf welchen Rennen sie sind. Die habe ich komplett analysiert und für mich meine Schlüsse daraus gezogen.

Ähnliches mache ich auch heute noch im Businessbereich, und das empfehle ich dir auch. Ich habe eine Handvoll Leute, die ich gut finde; einige davon sind bereits verstorben, wie der Apple-Gründer Steve Jobs. Ich lese deren Bücher, schaue deren Videos, höre deren Podcasts. Ich beobachte sie und ziehe daraus meine Erkenntnisse. Das also ist ein ganz heißer Tipp für dich: Such dir Leute, die in Teilbereichen weiter und besser sind als du. Analysiere sie, bilde dir deine Meinung und baue darauf deine Orientierung auf. Aber mache dies kritisch und sei dabei durchaus wählerisch. Du musst nicht alles übernehmen.

Lance Armstrong, da zucken die meisten und sagen: »Was? Der Typ hat doch gedopt.« Alle haben damals gedopt, aber er hat einfach viel besser gedopt. Wie auch immer, seinen Umgang mit der Wahrheit nehme ich mir nicht als Vorbild. Aber die Art, wie er sein Team geführt hat, die Gewissenhaftigkeit, die Trainingsdisziplin, die Willensstärke, das ist etwas, was ich mir bei Lance Armstrong abgeguckt habe. Da war er mein Vorbild, mein Mentor, ohne dass er es wusste. Das Thema Doping und das Thema Ehrlichkeit habe ich dabei, wie gesagt, ausgeklammert.

Vielleicht findest du die Filmfigur James Bond gut – je nach Schauspieler – und sagst dir: »James Bond, der bekommt das mit den Frauen richtig gut hin.« Dann schaust du dir an, wie James Bond mit Frauen umgeht, wie er das macht und im Anschluss übernimmst du dieses Modell für dich. Das ist der wahrscheinlich wichtigste Tipp: Es müssen keine lebenden Personen sein. Sie können auch schon vor Jahrzehnten oder Jahrhunderten verstorben oder, wie im Falle James Bonds, es können völlige Kunstfiguren sein. Lies alles, schau dir alles über diese Personen an. Arbeite die Punkte heraus, die dich weiterbringen.

Eine reiche Quelle der Inspiration sind dabei Biografien erfolgreicher Menschen. Schau, was du von ihnen übernehmen kannst – und was nicht. Gerade erfolgreiche Personen haben durchaus ihre negativen Seiten. Diese bieten sich natürlich nicht zur Übernahme an, packe diese Charakterzüge oder Verhaltensweisen zur Seite. Ich finde beispielsweise die Figur des Jordan Belfort aus *The Wolf of Wall Street* gut. Viele Punkte gefallen mir, aber andere Dinge verurteile ich. Ich trenne also die verschiedenen Elemente und picke mir nur die Sachen raus, die für mich relevant sind und die ich gutheiße.

Noch mal, ich bin nicht dein Mentor. Es sei denn, du willst Mitarbeiter in meinem Team oder Mitglied in meiner *Mastermind*-Runde sein. Wie kommst du in mein Team? Wie kommst du in die *Mastermind*-Runde? Das darfst du recherchieren. Es darf nicht so einfach sein. Da ist jetzt nicht unten der Link, und du klickst drauf, und dann kommst du zur *Mastermind*-Website. Nein, es ist ein bisschen schwieriger, da reinzukommen. In jedem Fall aber wünsche ich dir von ganzem Herzen den richtigen und für dich passenden Mentor an deiner Seite.

Dirk Müller: »Mit deinen Gedanken kannst du die Welt verändern«

Dirk Müller ist Finanzexperte, mehrfacher Spiegel-Bestsellerautor, Politikberater, Vortragsredner, Gründer des Finanzinformationsdienstleisters Finanzethos GmbH mit dem Markenkern »Cashkurs.com«– und gilt als »Dolmetscher zwischen den Finanzmärkten und den Menschen außerhalb der Börse«. Sein Weg an der Börse begann 1992, wo er als amtlich vereidigter Kursmakler tätig war. Heute zählt er zu den bekanntesten Börsenexperten Deutschlands, woher auch sein von den Medien vergebener Spitzname »Mr. DAX« rührt. Als Senator der Wirtschaft Deutschland und Chairman »FairFinance« des Diplomatic Councils berät er in nationalen und internationalen politischen Angelegenheiten.

1) Mal angenommen, du würdest heute dein 18-jähriges Ich treffen, welchen Rat würdest du ihm geben?

Habe den Mut, dein Ding zu machen. Du bist nur deine eigenen Gedanken. Mit deinen Gedanken kannst du die Welt verändern. Vor allem den wichtigsten Teil der Welt, nämlich den, in dem du zu jedem Zeitpunkt lebst. Du entscheidest mit deinen Gedanken über deine eigenen Emotionen. Nicht der andere regt dich auf, sondern deine Reaktion auf den anderen. Das kannst du jederzeit selbst steuern und entscheiden. Schreibe deine kühnsten Träume in ein leeres Buch. Ich als dein späteres Ich kann dir schon jetzt sagen: Keine Ahnung, warum das so ist, aber sie werden allesamt wahr. So habe ich es erlebt. Gedanken können Berge versetzen. Du entscheidest selbst, ob dein Tag ein trauriger, langweiliger und deprimierter Tag oder ein glücklicher, energiereicher und erfolgreicher Tag ist. Allein durch deine Gedanken. Arbeite jeden Tag an diesen Fähigkeiten. Sie entscheiden über dein Leben. Versuche nicht, besser als andere zu sein. Versuche, jeden Tag besser zu werden, als du es selbst gestern warst. Arbeite auf ein selbstbestimmtes Leben hin.

2) Was würdest du einem heute 18-Jährigen raten?
Finde zuerst heraus, was der Zweck deiner Existenz ist. Was machst du hier? Was kannst du besonders gut? Für was brennst du? Was willst du mal erreichen? Und jetzt sieh zu, dass du all das tust, was dir dabei hilft, das zu erreichen und lasse all den unnötigen Kram weg, der dir im Weg steht und nur deine Aufmerksamkeit und Zeit kostet. Zeit und Aufmerksamkeit sind die wertvollsten Ressourcen, die du hast. Weit wertvoller als Geld. Setze sie weise ein. Wenn du dein Ziel kennst, rede mit so vielen Menschen wie möglich darüber. Unter zehn ist einer, der dir weiterhelfen wird. Der Mensch tickt so, dass er immer Verknüpfungen sucht. Wenn du zuletzt in Paris warst und ich dir erzähle, dass ich nächste Woche dorthin fliege, wirst du mir sofort jede Menge Ratschläge geben. Wo die beste Kneipe ist, in welchen Club ich unbedingt gehen muss und welchem Wirt ich einen Gruß von dir ausrichten soll. Genauso funktioniert es mit allen Themen. Willst du Immobilienmakler werden, findest du unter zehn Gesprächspartnern mindestens

einen, der dir einen guten Rat geben kann oder sogar den entscheidenden Kontakt vermittelt. »Ruf mal meinen Freund Fred an, der sucht gerade jemanden, der …« Du kannst die besten Noten haben und der klügste Kopf sein. Wenn es keiner erfährt, hilft es dir nichts. Rede, rede und dann hör zu!

3) Was würdest du im Nachhinein als deinen größten Fehler bezeichnen, den man vermeiden sollte?

Konzentriere dich auf deine Kernkompetenzen und verzettele dich nicht. Versuche nicht, jedem Wunsch anderer nachzukommen. *Nein* ist ein verdammt wichtiges Wort. Weniger Dinge gleichzeitig machen, dafür fokussiert und ruhig, mit genug Muße für alle anderen wichtigen Dinge des eigenen Lebens.

4) Was hatte die größte positive Auswirkung auf dein Leben?

Die Erkenntnis großer Dankbarkeit für alles. Wirklich frei ist der, der nichts zu verlieren hat. Das meint nicht »Bettelmönch«, sondern sich an nichts festklammern. Alles ist im Fluss. Nichts Materielles hat wirklich Bedeutung. Alles, was man materiell wirklich benötigt – Essen, Trinken und ein Dach über dem Kopf –, ist essenziell, aber leicht zu erreichen. Alles darüber hinaus ist netter Luxus, den man gerne genießen darf, von dem man sein Glück aber zu keinem Moment abhängig machen darf. Eine Uhr für zehn Euro zeigt die Zeit genauso an wie eine Uhr für 10 000 Euro. Sie ist völlig irrelevant. Die wirklich wichtigen Dinge, die langfristig glücklich machen, kosten kein Geld. Die Liebe zu einem wertvollen

Partner, die Freundschaft zu alten Freunden, das Glück, die Natur wahrzunehmen, die Zeit für ein gutes Buch zu haben. Diese Einsicht und vor allem ihre Umsetzung im Geiste waren Schlüsselerkenntnisse für mein glückliches Leben, das ich mit großer Dankbarkeit führen darf.

Dein Alter ist nur eine Zahl

Es gab vor Kurzem bei Instagram eine 10-Jahres-Challenge. Die Menschen haben Fotos gepostet: Wie sehen sie heute aus, und wie haben sie vor zehn Jahren ausgesehen – und es war und ist für viele erschreckend gewesen, zu sehen, wie sie vor zehn Jahren ausgesehen haben. Wie viel Veränderung ist rein äußerlich eingetreten in den vergangenen zehn Jahren? Ich beispielsweise habe vor zehn Jahren fast zehn Kilo weniger gewogen, doch ich bin heute nicht fett. Ich habe einfach zehn Kilo mehr Muskeln, und meine Haarlänge lag damals bei elf Millimetern. Rein äußerlich hat sich bei mir in den vergangenen zehn Jahren unglaublich viel getan. Im Alter von 12 bis 22 Jahren ist dies für dich natürlich noch viel krasser. Wenn du heute 22 bist, kannst du dich zwar vergleichen, aber keineswegs gleichsetzen mit der Person, die du mit 12 warst. In dieser Phase des Lebens sind die Entwicklungssprünge riesig und viel offensichtlicher – doch auch später bleibt es so.

Auch ich führe ein Erfolgsjournal, von dessen Funktion ich oben berichtet habe. Ich führe es zwar nicht mehr jeden Tag, aber ich habe Aufzeichnungen, die schon mehr als zehn Jahre alt sind. Vor zehn Jahren war ich eine andere Persönlichkeit, als ich es heute bin. Wenn ich mir anschaue, welche Sorgen und Probleme mich vor zehn Jahren beschäftigt haben, zaubert mir das jetzt geradezu ein Lächeln ins Gesicht, weil ich denke: »Oh, was waren das damals noch für kleine Problemchen.« Ich erinnere mich noch, dass ich mich mit 16 schon erwachsen gefühlt habe. Doch du wirst rückblickend, wenn du mal 40 oder 50 Jahre alt bist, sagen: »Oh mein Gott, ich wusste nichts.«

Viele nutzen ihr Alter als Vorwand, als Ausrede, etwas nicht zu tun. »Ich bin noch zu jung dafür, ich darf das noch nicht«, kommt es dann. Hör auf mit diesen Ausreden! Meistens ist es so, dass du es nicht wirklich willst und du dir deswegen eine Begründung überlegst, warum du es dann auch nicht tust. Ein Teufelskreis.

Ich bekomme ganz oft die Frage: »Dirk, ich möchte Online-Marketing machen, ich möchte Affiliate-Marketing machen, aber ich bin erst 16 Jahre alt. Geht das?«

Du stellst die falsche Frage. Nicht »Geht das?«, vielmehr muss die Frage heißen: »Wie geht das? Was muss ich tun, damit es funktioniert?«

Erfolgreiche Menschen fragen nicht: »Geht das? Kann ich das?«

Erfolgreiche fragen: »Was muss ich tun, damit es geht? Was muss ich lernen, damit ich es kann?« Stelle dir solche Fragen.

Die Antwort beim Online-Marketing ist ganz praktisch. Du musst ein Gewerbe anmelden, auf dem Bürgeramt oder Gewerbeamt, was je nach Ort zwischen 15 und 65 Euro kostet. Dann erhältst du eine Steuernummer, du eröffnest ein Geschäftskonto, und ab jetzt kannst du Online-Marketing und Affiliate-Marketing betreiben. Wenn du keine 18 Jahre alt bist, gibt es Ausnahmeregelungen. Wenn du noch jünger bist, musst du jemanden finden, der dir vertraut und dem du vertraust und auf dessen Namen du das machst. Du musst ihm vertrauen, dass er dir später das Geld gibt und wenn dein Business läuft, dies nicht auf einmal für sich selbst übernimmt und dich ausbootet. Doch du selbst musst auch eine vertrauenswürdige und zuverlässige Person sein. Also, wer könnte das für dich machen? Dein Vater, deine Mutter, dein großer Bruder, deine große Schwester, der Nachbar, der Freund aus dem Sportverein, der Trainer aus dem Sportverein, dein Opa, deine Oma. Manchmal gibt es sachliche Gründe, warum sie es nicht machen können. Doch am Ende musst du nur die richtige Person raussuchen und fragen, ob sie dich unterstützt. Wenn meine Kinder mich fragen würden und mich überzeugen würden, dass sie es später auch wirklich konsequent durchziehen, würde ich es sofort übernehmen.

Die Kernbotschaft ist: Alter ist nur eine Zahl. Wenn du etwas wirklich willst, findest du Wege. Wenn du etwas nicht willst, findest du Ausreden.

Ins Ausland gehen

Wenn ich noch mal 18 wäre, würde ich sofort ins Ausland gehen. Zwei, drei, vielleicht sogar vier Jahre raus aus der Komfortzone, weg von den Eltern, weg von den Freunden, raus aus der vertrauten Kultur. Am besten noch eine andere Sprache kennenlernen, dann lernst du, dann musst du. Dieses Thema habe ich schon oben angerissen, als ich den Inhalt des *18-Jahre-Videos* wiedergegeben habe. Doch ich möchte den Gedanken etwas näher erläutern.

In den USA gibt es die Mormonen, das ist eine außergewöhnlich erfolgreiche christliche Glaubensgemeinschaft. Erfolgreich insofern, dass viele Mitglieder der Mormonen gelungene Karrieren in Wirtschaft und Politik gemacht haben. Bei den Mormonen ist es Brauch, dass sie in jungen Jahren eineinhalb Jahre ins Ausland geschickt werden. Das Ziel können sie aber nicht selbst bestimmen. Sie bekommen in der Regel ein Land, einen Ort zugewiesen, der komplett gegensätzlich ist zu ihren persönlichen Interessen und Neigungen. Wie erwähnt: Wenn also jemand Südamerika liebt und er spricht ein bisschen Spanisch oder Portugiesisch, war bereits in Argentinien, Brasilien oder Kolumbien im Urlaub und mag überhaupt die Latino-Kultur, dann werden ihn die Mormonen definitiv nicht dorthin schicken – sondern sehr wahrscheinlich nach Südkorea.

Die Aufgabe der Mormonen ist es schließlich, vor Ort regelrechte Kaltakquise zu machen. Das heißt, von Tür zu Tür zu gehen, zu klopfen, mit den Menschen ins Gespräch zu kommen und ihre Religion vorzustellen. Wenn du das eineinhalb Jahre gemacht hast, zumal in einer dir anfangs fremden Sprache, hast du ein starkes Selbstbewusstsein. Du hast in den eineinhalb Jahren so viel lernen müssen und hast so viel Ablehnung erfahren, aber auch positive Erlebnisse gehabt. Du lernst in den eineinhalb Jahren mehr als viele Menschen in 20 Jahren oder in ihrem ganzen Leben. Gehe ins Ausland, studiere im Ausland, verbringe zwei, drei Schuljahre im Ausland, suche dir einen Job im Ausland. Wohin? Das kannst du dir selbst überlegen. Bitte denke daran: Wenn du das tust, was alle tun, bekommst du, was alle bekommen. Natürlich ist Englisch die führende Sprache. Natürlich macht es Sinn, gut Englisch zu sprechen, also bieten sich Großbritannien an, Kanada, Australien, die Vereinigten

> Du lernst in eineinhalb Jahren Ausland mehr als viele Menschen in ihrem ganzen Leben.

Staaten. Doch Englisch kann (fast) jeder. Englisch ist kein Differenzierungsmerkmal, etwa im Job, sondern wird vorausgesetzt. Wertvoller bist du, wenn du in einer ganz anderen Kultur unterwegs bist, zum Beispiel in China, Japan, Korea oder Brasilien. Wenn du zwei, drei Jahre in einem dieser Länder warst, hast du Fähigkeiten erworben, die nur wenige Menschen in Mitteleuropa haben. Damit meine ich nicht nur die Sprache, sondern auch das Wissen über die Kultur. Gehe daher ins Ausland, lerne andere Kulturen kennen.

Wenn du es nicht hinbekommst, mehrere Jahre ins Ausland zu gehen, rate ich dir, ausgedehnte Reisen zu machen. Reisen erweitern den Horizont – doch da rede ich nicht von normalen, von organisierten oder sogar Pauschalreisen, die du vielleicht von deinen Eltern kennst. Nach Mallorca fliegen, ins Hotel einchecken, zwei Wochen Party machen und am Strand liegen, dadurch entwickelst du dich nicht weiter. Du hast Spaß, aber du entwickelst dich nicht weiter und wirst damit nicht wertvoller für die Gesellschaft. Reise mit dem Rucksack und auf eigene Faust. Nutze öffentliche Verkehrsmittel, fahre mit dem Zug; gehe dahin, wo die Einheimischen sind und lasse dich auf deren Kultur ein. Suche nicht den Kontakt zu anderen Deutschen oder westlichen Backpackern, ja, halte dich richtiggehend von ihnen fern. Suche den Kontakt zu den Einheimischen, und dabei macht es sich natürlich am besten, wenn du ihre Sprache sprichst. Finde heraus, was sie beschäftigt, was sie denken und reflektiere das Ganze sorgfältig.

Ich habe Fernreisen erst vor etwa zehn Jahren entdeckt. Meine erste richtige Fernreise ging nach Buenos Aires, Argentinien. Mittlerweile habe ich viele andere Länder kennengelernt und auch in einigen anderen Ländern gelebt, und ich bereue es, dass ich es nicht schon früher gemacht habe. Früher war ich immer in Europa unterwegs, aber die Kulturen ähneln sich doch sehr – was ja wiederum auch den Charme unseres Kontinents ausmacht. In einem anderen Erdteil erlebst du alles aus einem ganz anderen Blickwinkel. Gehe ins Ausland, reise viel, lass die Finger von Pauschaltourismus und anderen Rucksacktouris.

Daniel Garofoli: »Wer das Leben wirklich erleben will, sollte nichts planen«

Vom Barkeeper zum weltweit gebuchten DJ, zum erfolgreichsten Immobilienmakler in Dubai, Mentor, Coach und Speaker. 2012 zog Daniel Garofoli nach Dubai und wurde Immobilienmakler. Nachdem er in seiner Branche die Konkurrenz hinter sich gelassen hatte und einige hohe Deals abschließen konnte, ging er zu Luxhabitat, wo er fortan das Luxussegment bediente. Sein Verständnis von dem Lebensstil, den die Stadt zu bieten hat, und sein klares Gespür für seine Kunden machen ihn unter anderem so erfolgreich. Daniel hat mittlerweile seine eigene Immobilienfirma in Dubai gegründet.

Selbstgespräch mit meinem 18-jährigen Selbst:

Hallo Daniel,
du dummer, geiler Typ!

Ich bin heute ein Riesenfan von dir und von dem, was du dir alles erträumst, was möglich ist in deinem Leben.

Denn ich kann dir eins sagen: Es kommt nicht so, wie du dir es erträumst, es kommt sogar besser!

Denn wer das Leben wirklich erleben will, der sollte nichts planen.

Ich bin heute froh, dass du nie, aber wirklich nie auf andere gehört hast und dein eigenes Ding durchgezogen hast. Nicht auf die Eltern, nicht auf »Freunde«, die alle toll zur Uni gehen, nicht auf Vorgesetzte, Fußballtrainer oder andere sogenannte Autoritäten, auf die man hören sollte.

Ich bin froh, dass du auch viel zu leichtsinnig, ja manchmal blauäugig bist und dadurch viele Fehler machst, die dich Geld und Nerven kosten.

Aber du versuchst nie, Fehler zu vermeiden und das ist das Wichtigste.

Nach jeder blutigen Nase oder jedem blauem Auge, die du dir holst, musst du weitermachen, aufstehen und nicht aufgeben. All die Erfahrungen, die du sammelst, kommen dir später zugute. Vertrau mir. Alles passiert aus einem Grund. Alles, was dir widerfährt, ist ein Puzzlestück, das du bekommst ... Und man kann die Puzzlestücke immer erst danach zusammensetzen.

Folge deinem Instinkt und versuche weiterhin, immer deine Persönlichkeit einzubringen.

Verlier nicht dein freches, loses Mundwerk, das dir schon in der Schule so viel Ärger eingebracht hat.

Doch so crazy du in deinen geschäftlichen Vorhaben bist, so vernünftig bist du in deinen privaten Dingen, und ich bin froh, dass du so bist.

Lebe nicht zu früh auf zu großem Fuß. Verfalle nicht anderen Verführungen, wie Alkohol oder Drogen. Rauchen ist nicht cool, sondern ein Zeichen eines schwachen Charakters.

Ich weiß, diese Überzeugungen hast du schon, und bitte behalte das in dir. Verliere niemals die Kontrolle.

Habe deinen Spaß, aber mach keine Dummheiten – auch was Frauen angeht.

Ich weiß, heute willst du dein Leben lang Single bleiben, und eine eigene Familie ist für dich nicht vorstellbar. Vertrau mir, wenn die richtige Frau dich findet, ändert sich das alles. Und bis dahin genieße deine Jugend, aber bau kein Scheiß.

Was meine ich damit? Lüge keine Frauen an. Wenn du nur Spaß haben willst, sag das im Voraus. Renn dafür nicht ins Fitnessstudio, du brauchst keinen dicken Bizeps, um Frauen zu beeindrucken. Dein Humor und deine Persönlichkeit reichen aus, und achte immer auf Verhütung. Viele deiner Freunde werden bald frühzeitig Väter, und das wird ihr Leben für immer beeinflussen.

Folge weiterhin deinen Passionen; mach, was dir Spaß macht. Probiere dich aus, behalte dein ehrliches Interesse an anderen Menschen, und alles, was du nicht weißt, machst du mit deinem großen Herzen und deiner Wissbegier wieder wett.

Denn ohne dass du es merkst, sind 20 Jahre vorbei und du gehst auf die 40 zu und fragst dich, wie du hier gelandet bist – und wenn du zurückschaust, wirst du sehen, dass du all das erleben musstest, um die Person zu sein, die ich heute bin. Und ich bin zufrieden. Und das ist das, was wirklich zählt.

Think big!

In einem meiner Seminare gibt es eine Übung. Da fordere ich jemanden heraus, Liegestütze zu machen. Ich frage ihn: »Wie viele Liegestütze schaffst du?«

Er sagt: »100.«

Ich sage: »Ich mache 20.« Anschließend starte ich und mache 20 saubere Liegestütze. Anschließend ist er dran. Er macht 40, dann kann er nicht mehr.

Daraufhin frage ich die Teilnehmer: »Wer hat eine bessere Leistung erbracht?« Die Leute diskutieren, und die einen sagen: »Dirk, weil er 20 angesagt und die 20 auch erfüllt hat.«

Da kommt Widerspruch: »Nein, der andere Teilnehmer war besser. Schließlich hat er 40 vollführt, das ist das Doppelte von Dirk.«

»Ja, aber er ist nur bei 40 Prozent dessen angekommen, was er sich zum Ziel gesetzt hat. Dirk hat 100 Prozent seines Vorsatzes erreicht.«

Lasse diese Übung einen Moment auf dich wirken. Wer hat das bessere Ergebnis geliefert? Ich nicht – sondern der andere Teilnehmer. Ja, er hat nur 40 Prozent seines Ziels geschafft, aber er hat das Doppelte von dem erreicht, was ich ausgeführt habe.

Was lehrt uns das? Und damit meine ich vor allem auch die Reaktion vieler Teilnehmer. In Deutschland spielen wir sehr auf Sicherheit. Es wird wenig riskiert, und wenn einer mal mehr wagt und scheitert, wird er von allen lächerlich gemacht und noch Jahre später daran erinnert. Das ist keine schöne Kultur. Schauen wir einmal in die USA, und zwar in den Hotspot des Unternehmertums, nämlich ins Silicon Valley. Die Kapitalgeber – die »Venture-Capital«-Firmen oder die »Business-Angels« – geben lieber einem Gründer, der schon das zweite oder dritte Mal gescheitert ist, viel Geld, als jemandem, der das erste Mal gründet. Denn sie sagen sich zu Recht: »Jemand, der zwei- oder dreimal pleitegegangen ist, der weiß, worauf er achten muss. Der ist viel erfahrener, der wird mit unserem Geld und der Geschäftsidee gewissenhafter umgehen.«

In Deutschland ist es genau das Gegenteil. Jemand, der einmal mit einem Unternehmen baden gegangen ist, bekommt von keinem mehr Geld. Wir haben hier leider eine andere Kultur. Dabei rede ich nicht von angebrachter Skepsis gegenüber inkompetenten Gründern, sondern von Leuten, die sich ehrgeizige Ziele setzen, das aus heutiger Sicht schier Unerreichbare, und dafür auch einmal scheitern dürfen. Aus solch einer Kultur entsteht nämlich im Ergebnis auch etwas Großes, ganz Großes. Ich rede hier zwar von Beispielen aus der Unternehmerwelt. Doch du solltest und kannst diese Gedanken natürlich auch auf andere Lebensbereiche übertragen. Die berühmten Start-up-Gründer, von denen ich gleich reden werde, haben im ganz großen, ja schier gigantischen Maßstab gedacht, dafür tolle Produkte und Dienstleistungen entwickelt, ihre Kunden gefunden – und sind am Ende Weltmarktführer geworden; ja sie beherrschen einen Großteil der globalen Zielgruppe und der jeweiligen Märkte. Jeff Bezos von Amazon hat mit einem simplen Buchversand angefangen und liefert heute nahezu jedes im Privatbereich benötigte Produkt: am nächsten Tag, mit unglaublichem Service und kulanter Rückgabepolitik. Zudem hat er den E-Book-Markt miterfunden, er produziert Filme und Serien, betreibt einen Streamingdienst und besitzt mit seinem höchst profitablen Amazon Web Services den größten Speicheranbieter und Cloudservice der Welt – über den auch Netflix läuft. Mark Zuckerbergs Facebook, obwohl bei der jungen

Zielgruppe nicht mehr ganz so stark präsent wie einst, hat unglaubliche 1,9 Milliarden aktive Nutzer – die wahrscheinlich größte Kundengruppe der Welt. Elon Musk, der Chef von Tesla, hat nicht nur zunächst mit PayPal (gemeinsam mit anderen) ein neues Zahlungssystem erfunden – mit SpaceX hat er neben Elektroautos längst eine eigene Weltraumfirma als zweites Standbein.

Diese Leute, Visionäre, wollen buchstäblich zum Mond fliegen. Und hätten sie nicht vor ein, zwei Jahrzehnten, als sie jeweils ihre Firmen gründeten, solch hochgesteckten, ja für die meisten völlig verrückt erscheinenden Ziele gehabt, würden wir heute nicht von ihnen reden. Und nicht zufällig sind all diese Unternehmer in den USA tätig (Musk ist übrigens gebürtiger Südafrikaner).

Meine Empfehlung lautet daher an dich: Setze dir Ziele, gerne auch aus heutiger Sicht und für dein Umfeld unrealistische – und denke groß! Dies ist ein Baustein zum Erfolg, aber keine Garantie. Umgekehrt entsteht aber nie etwas Großes per Zufall oder allein durch Fleiß, sondern nur, weil du vorher eine Vision davon gehabt hast.

Ich wollte im Juni 2018 die Dortmunder Westfalenhalle für ein Event komplett ausverkaufen. Wir haben auch tatsächlich mehr als 23 000 Tickets veräußert. Nur leider war es ein schönes Sommerwochenende, es war Fußballweltmeisterschaft, das erste Spiel der deutschen Nationalmannschaft in diesem Turnier und und und … 100 Gründe haben dazu geführt, dass am Ende nur 7500 Teilnehmer kamen. Dabei hätte die Halle eine Kapazität von 10 500 Teilnehmern gehabt. Ich habe mir ein großes Ziel gesetzt – und habe es nicht erreicht. Die Halle war zwar geschäftlich gesehen ausverkauft, aber es gab viele Lücken im Publikum und eben 3000 freie Plätze. Doch unterm Strich habe ich das »weltweit größte Verkaufstraining« hinbekommen, mit einem Eintrag ins Guinness-Buch der Rekorde. Natürlich gibt es welche, die jetzt sagen, der hat laut getönt, und jetzt waren da leere Reihen. Das mag schon sein. Doch niemand vor mir und auch niemand nach mir hat es geschafft, eine so große Gruppe auf einem Schlag mit dem Thema »Verkauf« zu begeistern.

Setze dir große Ziele: »Try to reach a star. If you fail, you will land on a moon.« Sinngemäß, aber im Falle der amerikanischen Visionäre auch tatsächlich: »Versuche, einen Stern zu erreichen. Wenn du scheiterst, landest du zumindest auf dem Mond.« Wenn du es gar nicht erst probiert hättest, wärst du nicht bis zum Mond gekommen. Wo willst du hin? Was sind deine Ziele? Lass dir nicht von irgendwelchen Leuten erzählen, was realistisch ist. Das hält dich klein. Realistisch ist das, was du hinbekommst – und die Grenzen gibt es nur in deinem Kopf.

> Setze dir größere Ziele.

Ziele visualisieren

1984 gab es an der Harvard Universität, *der* Eliteuniversität schlechthin, einen Versuch. Man hat die Studenten im Abschlusssemester eines MBA-Studiengangs (Master of Business Administration) gefragt, ob sie klare Ziele haben, ob sie sich Schritte überlegt haben, wie sie diese erreichen und ob sie ihre Ziele aufgeschrieben haben. Die allermeisten haben gesagt: »Lass mich in Ruhe. Ich will das Studium beenden und den Sommer genießen.« Einige wenige hatten Ziele in ihrem Kopf, eine Vision, und nur 3 Prozent der Studenten hatten klare Ziele, diese verschriftlicht und sich auch Wege überlegt, wie sie diese Ziele erreichen können.

Zehn Jahre später, nach dem Abschluss, wurden die Studenten von einst noch mal befragt. Die Verantwortlichen hatten überlegt: Woran misst man jetzt den Erfolg der Studenten? Man hatte sich darauf geeinigt, die Bruttojahreseinkommen zu vergleichen; klar, hier geht es um den »Master of Business Administration«. Das Spannende daran ist: Die, die eine Vision hatten, ihr Ziel im Kopf hatten, haben mehr verdient als die große Masse der Studenten, die einfach nur das Studium zu Ende bringen und den Sommer genießen wollten. Die wichtigste Erkenntnis war jedoch: Die 3 Prozent haben nachher mehr Geld verdient und ein höheres Jahreseinkommen gehabt als die 97 Prozent ihrer Kommilitonen von damals zusammengenommen – und wir reden hier von einer Eliteuni, die überdurchschnittlich viele Erfolgsmenschen hervorbringt. Der Hauptunterschied zwischen ihnen war, dass sie sich auf ihre Ziele fokussiert haben.

Was kannst du daraus lernen? Und was habe ich daraus gelernt? Habe Ziele, schreibe sie auf, überlege dir Schritte, wie du sie erreichst und arbeite jeden Tag daran, deine Ziele zu erreichen.

Vielleicht schreibst du dir jetzt auf, dass du eine Million Euro haben willst; ein anspruchsvolles Ziel. Das wird so aber nicht funktionieren, und nun komme ich zum Anliegen dieses Unterkapitels: Unser Gehirn erinnert sich, denkt und träumt nur in Bildern. Die eine Million als Zahl mit sechs Nullen ist viel zu abstrakt. Die kann unser Gehirn nicht verarbeiten – und deshalb ist es wichtig, dass du deine Ziele visualisierst, daraus also Bilder machst. Das gängige Instrument dafür ist ein »Visionboard«, auf Deutsch etwa: »Zielebrett.«

Wie geht das? Vielleicht hast du materielle Ziele, ein Auto, eine Uhr, ein Haus oder Orte, die du besuchen möchtest, Länder, Städte, Sehenswürdigkeiten. Oder du hegst den Wunsch, eine Familie zu gründen. Wie soll deine Familie aussehen, wie soll dein Partner aussehen oder was für einen Körper möchtest du haben? Wie willst du leben? Dann gehe auf die Suche nach den entsprechenden Bildern dazu, nutze beispielsweise Google, drucke die Fotos aus oder schneide sie dir aus den entsprechenden Magazinen aus und klebe sie auf einem »Visionboard« zu einer Collage. Das Board hängst du dahin, wo du es jeden Tag siehst. Vielleicht direkt über deinen Schreibtisch oder dein Bett, aber du musst es jeden Tag sehen. Schau es dir bewusst an. Versuche zu spüren, wie es sich anfühlt, wenn du dein Ziel erreicht hast. Wenn es beispielsweise ein bestimmtes Auto ist, gehe zum Autohändler und setze dich in das Auto, schließe die Tür, lege die Hände ans Lenkrad und stelle dir vor, wie es ist, dieses Auto zu besitzen. Wenn es eine Reise ist, schaue dir YouTube-Videos über dieses Reiseziel an. Wenn du ein Sixpack haben willst oder mehr Muskeln, suche dir irgendwo im Internet ein Bild des idealen Körpers, der so ist, wie du sein willst – ein Vorbild. Mache eine Fotomontage, packe dein Gesicht auf diesen Körper und schneide das Foto aus. Was auch gut funktioniert, ist, die einzelnen Bilder als Bildschirmhintergrund zu nutzen, auf deinem Notebook oder deinem Handy. Du musst dein Ziel visualisieren, das Gehirn verarbeitet nur Bilder. Mit der Zeit gibt es auch Ziele, die sich überlebt haben, die kannst du wieder entfernen; du aktualisierst.

Ich gebe dir ein paar Beispiele von mir: Ich habe zu Hause im Flur ein riesiges Poster aufgehangen, das ist jetzt zwölf Jahre her, mit einem weißen Porsche 911 drauf. Das Bild hing dort zwei Jahre lang, dann habe ich es ausgetauscht. Schließlich bin ich auf die Suche nach einem Porsche 911 gegangen. In den Onlineportalen gab es etliche schwarze 911er, doch nur wenige weiße 911er. Die weißen waren auch teurer, aber es musste ein weißer 911er sein. Denn dies war das Bild in meinem Kopf, also ist es auch ein weißer Porsche 911 Turbo geworden.

Vor zehn Jahren habe ich ein Bild in mein Zielebuch geklebt, ausgeschnitten aus einem Motorradkatalog von KTM, einer hochwertigen österreichischen Marke. Ein kleiner Junge sitzt dort in voller Montur auf einer 50-Kubikzentimeter-Crossmaschine von KTM, Helm, Stiefel, Handschuhe, alles. Nur ein Jahr später habe ich ein Bild von meinem Sohn in mein Zielebuch eingeklebt, er war damals fünf – und es war genau dieses Motorrad, seine Ausrüstung hatte die gleichen Farben. Wenn du die beiden Bilder siehst, denkst du: »Das kann doch kein Zufall sein« – und das ist es auch nicht. Dein Unterbewusstsein beschäftigt sich, wenn es klare Ziele und klare Bilder bekommt, die ganze Zeit damit, wie es genau dieses Bild in der Realität erschaffen kann. Das hört sich komisch an, aber glaube mir, so funktioniert das. Hierzu kann ich auch ein Buch empfehlen, *The Secret* von Rhonda Byrne. Ihre Erkenntnisse gibt es auch als Film, etwa auf Netflix und YouTube. Es lohnt sich.

Letztes Beispiel: Vor drei Jahren habe ich das Bild einer bestimmten Uhr in mein Zielebuch geklebt. Es ist eine Rolex Milgauss. Diese Uhr ist die einzige Rolex, die ein grünes Glas hat. Ich wollte mir die Uhr kaufen, sobald ich ein bestimmtes Ziel erreicht hätte. Das Ziel habe ich mittlerweile schon einige Male erreicht. Aber der Reiz, die Uhr zu kaufen, war nicht mehr da. Die Uhr hat mich nicht mehr so angesprochen, und ich hatte natürlich bereits eine Uhr. Vor ein paar Wochen nun schenkte mir ein Geschäftspartner genau diese Uhr, weil ich irgendwann mal, einige paar Monate zuvor, die Geschichte dieser Uhr erzählt hatte und dass ich diese Uhr so spannend fand. Da hat er sich gedacht: »Wenn sich Dirk die nicht selbst kauft, dann schenk ich ihm die.« Wenn dein Unterbewusstsein einmal die Botschaft bekommen hat, dass es ein lohnendes Ziel gibt und das Ziel visualisiert ist, wird dein Unterbewusstsein die ganze Zeit daran arbeiten, wie du dieses Ziel erreichen kannst. Deshalb ein ganz wichtiger Tipp: Visualisiere deine Ziele. So entsteht das richtige Bild vor deinem geistigen Auge, das dich zum Ziel führt – allerdings nicht von allein. Laufen, also fleißig sein, musst du dafür schon selbst.

Christina Linke: »Vergiss alles, was du in Schule und Elternhaus gelernt hast«

Christina Linke ist Deutschlands bekannteste Anwältin für Arbeitsrecht und hat in über 26 Jahren Berufserfahrung ungefilterte Einblicke in mehr als 3000 Unternehmen erhalten. Deswegen weiß sie genau, worauf es im Arbeitsrecht ankommt und was Unternehmen erfolgreich macht. Ihr Service reicht somit weit über das hinaus, was normale Anwälte leisten.

1) Mal angenommen, du würdest heute dein 18-jähriges Ich treffen, welchen Rat würdest du ihm geben?
Der Rat, den ich an mein 18-jähriges Ich geben würde, wäre: Vergiss augenblicklich alles, was du in der Schule und in deinem Elternhaus gelernt hast. Das macht dich nicht erfolgreich. Um das Vergessen deiner bishe-

rigen Glaubenssätze zu erleichtern, ziehe hinaus in die Welt. Schau dir wenigstens ein Jahr lang andere Länder und Kulturen an. Es ist nur unser kleines Denken, das uns zurückhält. Studiere die Menschen, andere Lebensgewohnheiten und Überzeugungen. Nur weil etwas in Deutschland so gesehen wird, bedeutet es nicht, dass es richtig ist. Löse dich von dem »Klein-Klein-Denken« und mach dir die Welt, wie sie dir gefällt. Oder, um es anders zu sagen: Sei Pippi, nicht Annika.

2) Was würdest du einem heute 18-Jährigen raten?
Suche etwas, das anderen Menschen einen echten Mehrwert bietet. Etwas, das wirklich gut ist für sie. Eine spektakuläre Dienstleistung, ein bahnbrechendes Produkt. Dann mache es noch besser. Mache keine reguläre Ausbildung oder ein Studium, nur um einen Abschluss zu haben. Investiere in dich selbst. Gehe Abkürzungen, indem du dir Mentoren und Vorbilder suchst. Besuche hochwertige Weiterbildungen. Warte nicht, bis du in den Augen der Gesellschaft alt genug für etwas bist oder du genug Geld für etwas hast. Sei kreativ, finde Lösungen. Halte dich an die Reihenfolge: Sein, Tun, Haben – du musst erst an dir arbeiten, dann kommt der Rest automatisch. Das ist der Schlüssel.

3) Was würdest du im Nachhinein als deinen größten Fehler bezeichnen, den man vermeiden sollte?
Es gibt keine Fehler in meinem Leben, nur Lernerfahrungen. Wirklich: Ich bereue nichts von dem, was ich gemacht habe. Ich habe es geschafft, von einem Luxusleben auf Hartz IV zu fallen, innerhalb eines Jahres.

Und dann wieder zurück – bis hin zu der bekanntesten Anwältin für Arbeitsrecht und Erfolgsexpertin, die ich heute bin. Das dauerte allerdings länger als ein Jahr. Ob es schwierig war? Ja, sicher war es das, und es hat manchmal auch richtig wehgetan. Und genau deshalb liebe ich mein Leben genauso wie es bis jetzt war: turbulent, mit vielen Höhen und Tiefen – aber ganz sicher niemals langweilig.

4) Was hatte die größte positive Auswirkung auf dein Leben?

Die beste Entscheidung mit der größten Macht in meinem Leben war, die eigenen Standards zu erhöhen. Ich gebe mein Bestes, strenge mich an und gebe nie auf. Ich handele auch dann, wenn ich nicht in Stimmung bin. Wenn Menschen in meinem Umfeld diese Standards nicht einhalten, arbeite ich nicht mehr mit ihnen zusammen. Punkt. Suche auch du aktiv Menschen, die ebenso ticken, insbesondere, wenn du Mitarbeiter beschäftigst. Mitarbeiter zu beschäftigen ist ein Weg der Skalierbarkeit – schließlich kannst du dich nicht klonen. Du wirst feststellen, dass »normale« Menschen *nicht* so arbeiten, wie du es tust. Also musst du unbedingt auf anderen Wegen suchen und anders aussuchen als der Mainstream. Orientiere dich an Menschen, die hier schon Lebenserfahrung haben. Versuche es nicht durch *trial and error*. Es wird dich viel Geld kosten. Gib dich nicht zufrieden mit Mitarbeitern, die nicht auf deinem Level arbeiten. Senke niemals deine Standards. Never.

Gib dem Teufel keine Chance – fokussiere dich

Ich hätte in meinem Leben viele Dinge viel schneller hinbekommen, wenn ich mich noch stärker darauf konzentriert, mich also fokussiert hätte, wie man heute sagt. Ich möchte dir daher ein weiteres Buch empfehlen. Das Buch ist von einem meiner Lieblingsautoren: Napoleon Hill. Das Buch hat er 1938 geschrieben, kurz vor dem Zweiten Weltkrieg, und es war 80 Jahre lang verschollen. Es ist das Interview mit dem Teufel, der deutsche Titel lautet *Der geheime Weg zu Freiheit und Erfolg*, der Untertitel: *Wie man den Teufel in sich selbst besiegt*. Das Buch ist spannend geschrieben, auch wenn es schon viele Jahrzehnte alt ist. Eine der wichtigsten Erkenntnisse ist: Der Teufel hat die Macht über 98 Prozent der Menschen, und das sind die Menschen, die keine klaren Ziele haben und sich einfach nur treiben lassen. Treiben lassen von allen möglichen Ablenkungen, ins Kino gehen, fernschauen, mit dem Handy spielen, die Spielkonsole beackern und so weiter.

Die meisten lassen sich treiben, und in diesem fiktiven Interview mit dem Teufel freut sich der Teufel, dass sich fast alle Menschen einfach gehen lassen. Ja, zwischendurch kann man sich durchaus einmal hängen lassen. Doch viele tun dies über Monate und Jahre – und am Ende ist es das ganze Leben. Ich gebe zu: Auch ich habe dies durchaus einmal getan, glücklicherweise nur jeweils über einige Wochen; aber auch das ist schon kostbare Zeit.

Was hätte ich alles erreichen können, wenn ich mich in der Zwischenzeit wirklich auf das Wesentliche fokussiert hätte? Wenn ich noch mal etwas anders machen würde, dann definitiv sich weniger treiben lassen, konzentrierter sein – und dem

Teufel keine Chance geben. Etwas anzufangen, ohne etwas zu Ende zu bringen, ist so, als hättest du es nie begonnen. Ein Bekannter von mir hat mir immer erzählt, dass er ein Buch schreiben möchte. Er hat dann auch angefangen, und in der ersten Nacht hat er viele Seiten geschrieben. Dann aber hat er sich nicht mehr darum gekümmert. Immer wenn wir uns gesehen haben, habe ich ihn gefragt:

»Wie weit bist du mit deinem Buch?«

»Ja, noch nicht weiter.«

»Okay, wann wird es fertig sein?«

»Ja, ich weiß es noch nicht.«

Ich habe ihm dann immer gesagt: »Denk dran, wenn du es nicht zu Ende machst, ist es, als wenn du nie begonnen hättest!« Und dieser Spruch hatte eine magische Wirkung auf ihn. Diesen Spruch hat er sich immer wieder selbst gesagt und schließlich sein Buch auch zu Ende gebracht.

> Dinge, die du nicht zu Ende bringst, sind so, als hättest du sie nie begonnen.

Es ist gut, in jungen Jahren viele Sachen auszuprobieren, in viele Dinge reinzuschnuppern, Themen, Orte, Sportarten und so weiter. Nur: Wenn du dich irgendwann für etwas entscheidest – etwa Abitur zu machen –, dann bringe es auch zu Ende. Steige nicht ein halbes Jahr vorher aus. Du willst eine Ausbildung machen? Bringe sie auch zu Ende. Brich sie nicht ein halbes Jahr vorher ab.

Natürlich gibt es da Ausnahmen: Wenn du schon nach kurzer Zeit feststellst, dass du dich geirrt hast, macht es keinen Sinn, das einfach durchzuziehen, nur damit du später irgendein Zeugnis oder einen Abschluss hast. Wenn du also in den ersten Wochen bemerkst – und daher solltest du in dieser Anfangsphase auch voll einsteigen –, das ist es nicht, dann lass es sein. Wenn du aber schon fast auf der Zielgeraden bist, ziehe es auch bis zum Ende durch.

Schneiden und Wachsen

Hast du schon mal eine Eiche gesehen, die 200, 300 Jahre oder noch älter ist? Auf einer Lichtung? Damit eine Eiche so alt und so groß werden kann, müssen immer wieder Äste und Zweige abgeschnitten werden. Es müssen Bäume gefällt werden, die drum herumstehen, damit der Baum mehr Licht und mehr Wasser bekommt – schneiden, um zu wachsen. Das gibt es nicht nur in der Natur, das gibt es auch in der Psychologie. Schneiden, um daraufhin zu wachsen, ist eines meiner Lebensprinzipien. Dinge abschneiden, die so keinen Sinn mehr ergeben – und zwar in allen Belangen: Wenn du an einem Ort das Gefühl hast, du kommst nicht weiter, „schneide“ ihn im übertragenen Sinne ab, suche dir einen neuen Ort. Wenn du in einer Freundschaft feststellst, dass sie sehr einseitig ist, dass du dich nicht mehr wohlfühlst, dass sie mehr Energie kostet, als sie dir gibt, dann schneide sie ab. Wenn du an einem Hobby keine Freude mehr hast, schneide es ab. Probiere neue Dinge aus. Vor allem was Menschen und Beziehungen angeht, macht es immer wieder Sinn zu überprüfen: Bist du noch im richtigen Umfeld oder solltest du möglicherweise Menschen »abschneiden«? Im übertragenen Sinne natürlich – um schließlich zu wachsen.

Ich habe in diesem Buch darauf hingewiesen, wie gut es für die Persönlichkeitsentwicklung ist, frühzeitig zu Hause auszuziehen, mit 17, 18 oder 19 Jahren. Du schneidest das Zuhause ab. Du bist vielleicht noch im selben Ort, aber nicht mehr im selben Gebäude, nicht mehr im selben Stadtteil. Vielleicht bist du aber auch in einem anderen Ort oder sogar in einem anderen Land. Je weiter du weg bist und je ungewohnter und unbequemer das neue Umfeld ist, desto mehr musst du dich verändern. Und in dem Moment, in dem du dich veränderst, lernst du, und durch dieses Lernen bildest du deine Persönlichkeit. Deswegen frage dich regelmäßig, alle drei, sechs und zwölf Monate: Was solltest du abschneiden? Was bringt dich nicht mehr weiter? Gerade in jungen Jahren ist das besonders wichtig, weil man sich da dem schädlichen oder bremsenden Einfluss von Dingen, Orten, Menschen oder Vorlieben nicht so stark bewusst ist.

Felix Thönnessen: »Probiere so viele Dinge wie möglich aus«

Felix Thönnessen ist Keynote-Speaker und Erfolgscoach und begleitet seit über 14 Jahren Gründer, Unternehmer und diejenigen, die es werden wollen, zu einem erfolgreichen Unternehmen. Er hat mehr als 1000 Gründer erfolgreich begleitet und fungierte vier Jahre lang für die VOX-Sendung Die Höhle der Löwen *als Berater der Bewerber. Seine Leidenschaft sind bewährte Tipps und Tricks, die für den Erfolg eines Unternehmens essenziell sind. Leicht, verständlich und praxisnah erläutert er in seiner Erfolgsakademie, wie Gründer ihre Kreativität, ihr Marketing und ihren Businessplan aufbauen können, um ein erfolgreiches Fundament für ihr Unternehmen zu legen.*

LinkedIn: https://www.linkedin.com/in/felixthoennessen/
Instagram: https://www.instagram.com/felixthoennessen/

1) Mal angenommen, du würdest heute dein 18-jähriges Ich treffen, welchen Rat würdest du ihm geben?
Wenn ich mein 18-jähriges Ich treffen würde, würde ich es erst mal auffordern, zum Friseur zu gehen – mit dieser Frisur sollte wirklich niemand rumlaufen. Spaß beiseite! Wenn ich wirklich die Gelegenheit hätte, mein 18-jähriges Ich zu treffen, würde ich es fragen, was es so vorhat im Leben, was es denn gerne machen würde und welche Leidenschaften es eigentlich hat. Wenn ich zurückdenke an die Zeit, als ich 18 Jahre alt war, hat mir nämlich eine Sache besonders gefehlt: ein genaues Ziel zu haben. Viele Dinge haben mich damals interessiert, aber irgendwie hat mir der Blick für das Große und Ganze bei all den Flausen im Kopf noch gefehlt.

Wenn ich also auf mein 18-jähriges Ich treffen würde, würde ich ihm raten: Probiere so viele Dinge wie möglich aus. Versuche, kreativ an dein Leben ranzugehen, reise durch alle Länder, schaue dir alle Kulturen dieser Welt an und überlege genau, wie du deine ganze Energie bestmöglich in die richtigen Bahnen lenken kannst. Sei dir bei dieser Reise auch darüber bewusst, dass du irgendwann deinen Weg finden und nicht nur suchen musst. Geh aber deinen eigenen Weg. Lass dir von anderen diesen Weg nicht diktieren, nur weil sie meinen, sie wissen es besser. Entscheide selbst, wo deine Leidenschaft liegt, welche Dinge für dich interessant sind und wo für dich der richtige Lebensweg anfängt.

Der zweite Ratschlag, den ich mir geben würde: Sei risikobereit und mutig. Habe keine Angst davor, Fehler zu machen und sei auch nicht traurig darüber, wenn mal etwas nicht auf Anhieb klappen sollte. Vielleicht ist es an der ein oder anderen Stelle auch sinnvoll, nicht zu perfektionistisch zu sein. Weil dieser Perfektionismus uns auch dazu treiben kann, dass wir uns in Details verlieren.

2) Was würdest du einem heute 18-Jährigen raten?

Den 18-Jährigen von heute wurde ich wahrscheinlich vieles von dem raten, was ich auch mir selbst raten würde. Vor allem würde ich raten, auf sich selbst zu hören und auf die wahren Wünsche zu achten.

Wenn man die Entwicklungen von Social Media heutzutage beobachtet, merkt man sehr stark, wie gesellschaftsgetrieben wir werden. Wir werden immer mehr zu Menschen, die nach Vorbildern bei Social Media suchen. Manchmal haben diese Vorbilder jedoch Leitlinien, die sie selbst nicht befolgen. Sie machen den Eindruck, dass jeder immer zu 100 Prozent glücklich ist und im besten Fall mit Waschbrettbauch und Caipirinha in der Hand in Thailand am Strand liegt. Aber einen realistischen Blick auf die Welt zu haben, Dinge infrage zu stellen, eine gesunde Selbst- und auch Gesellschaftskritik zu haben, das würde ich jedem 18-Jährigen von heute wärmstens empfehlen.

Auch mal über den Tellerrand zu schauen und darüber nachzudenken, wie sich die Welt entwickelt. Wo man vielleicht auch zum Thema Umwelt und Nachhaltigkeit einen bleibenden Fußabdruck hinterlassen kann. Welchen Beitrag kann man leisten, damit nicht nur dein Fußabdruck ökologischer wird, sondern sich die ganze Welt positiv entwickelt? Welchen Beitrag kannst du in die Welt hinaustragen, der dich und andere glücklich macht? Was ist dein Herzenswunsch?

3) Was würdest du im Nachhinein als deinen größten Fehler bezeichnen, den man vermeiden sollte?
Der größte Fehler, den ich in meinen Anfängen gemacht habe, war, zu wenig an mich selbst zu glauben. Das lag nicht an zu wenig Selbstbewusstsein – denn davon hatte ich reichlich –, sondern eher daran, dass ich an der ein oder anderen Stelle dachte, dass ich zu wenig Erfahrung hätte und deshalb nicht wissen kann, wie es läuft, und dass andere doch eh schon viel weiter sind als ich. Ich habe mich selbst mit solchen Gedanken denunziert. Eigentlich hätte ich viel mehr an mich glauben müssen.

Mit der Zeit habe ich gelernt, dass der Glaube an sich selbst wie ein kleines inneres Atomkraftwerk sein kann, was dich immer wieder an- und vorantreibt. Wenn ich an mich selbst zurückdenke, habe ich viele Dinge, die ich mir vorgenommen habe, zwar geschafft, aber mit zu wenig Glaube an mich selbst. Rückblickend hätte ich sicherlich in der Anfangszeit noch viel mehr geschafft, wenn ich gewusst hätte, wie viel Energie, Kraft, Motivation und Wissen doch schon in mir steckt. Gerade am Anfang meiner Selbstständigkeit habe ich mich oft selbst unter Wert verkauft, weil ich mir selbst einredete, dass mir fünf bis sechs Jahre Berufserfahrung fehlen würden. In vielen dieser Fälle war das wohl eher eine Kopfsache. Deshalb ist der Glaube an sich selbst so wichtig!

4) Was hatte die größte positive Auswirkung auf dein Leben?
Die größte positive Auswirkung war, dass ich Menschen um mich herum hatte, die mich motiviert haben, die mich

angetrieben haben, die mir gesagt haben, dass ich Dinge schaffen kann. Das waren Menschen, die mich auf ihren Wegen mitgenommen haben. Sie haben mir sowohl die Wege gezeigt, die funktionieren können, als auch Wege, die nicht funktioniert haben - und was man letzten Endes anders machen muss. Und sie haben mich diese Wege suchen, finden und gehen lassen. Vor allem waren das Menschen aus meinem Freundes-, Bekannten- und Familienkreis, denen ich besonders dankbar bin, weil sie mich zu dem gemacht haben, der ich heute bin und der so viel durch sie lernen durfte. Solch ein positives Umfeld kann Wunder in deinem Handeln bewirken.

Medien: Glaube nicht alles, was man dir erzählt

Jetzt kommt ein gewisser Bruch. Denn in diesem Unterkapitel geht es nicht nur um dich allein, sondern um die Quellen deiner Informationen – die dich, deine Meinung, Einstellungen, Werte und folglich die Persönlichkeitsentwicklung massiv beeinflussen. Ich habe in deinem Alter immer geglaubt, wenn etwas in einer Zeitung steht, im Radio oder im Fernsehen berichtet wird, dann ist das auch wirklich die Wahrheit. Das stimmt nicht. Sei vorsichtig in dem, was du konsumierst. Es ist nicht alles die Wahrheit, es ist nicht alles objektiv, es ist vor allem stark einseitig von der (politischen) Meinung der Journalisten geprägt. Darüber wird seit einigen Jahren viel diskutiert.

Auch wenn die öffentlich-rechtlichen Medien ihre Staatsferne häufig betonen: Die obersten Chefs dieser Unternehmen sind Politiker. Wenn nun negativ über Politiker in diesen Medien berichtet, werden die Politiker nicht bereit sein, die jeweils leitenden Journalisten oder gar Intendanten mit Karriere und viel Geld zu belohnen, im Gegenteil. Deshalb frage dich immer bei einer Medienmeldung, vor allem aus dem öffentlich-rechtlichen Rundfunk: »Wem hilft das? Wem nutzt das?« Oft wird hierzu die entsprechende lateinische Formulierung *Cui bono?* ins Feld geführt. Wenn dich ein Thema wirklich interessiert, beschäftige dich nicht nur mit deutschen Medien (und erst recht nicht mit der deutschen Wikipedia-Seite, die ebenfalls politisch stark einseitig ist), sondern schau auch mal, wie im Ausland darüber berichtet wird. Ich sage gar nicht, dass die Medien ständig lügen. Doch sie lassen einfach Aspekte weg, die aber der Geschichte eine ganz andere Bedeutung gegeben hätten. Oder sie lassen gleich ganze Geschichten weg. So ist der Begriff Lückenpresse entstanden. Der für mich wichtigste Augenöffner hierbei war die Aussage: »Die Geschichte wird immer vom Sieger geschrieben.« Wenn ein Volk ein anderes Volk im Krieg besiegt hat, übernimmt die Siegermacht auch die Kontrolle über die Medien und über die Geschichtsbücher. Wer hat das geschrieben, was wir in der Schule gelernt haben? Wenn ich mir etwas wünschen würde, dann wäre es eine Zeitmaschine. Ich würde so gern in die Originalzeit zurückfahren und dort mit den Menschen sprechen, die diese Zeit gerade erleben, und schauen, was sie dort erleben. Das wäre objektiv, denn was in unseren Geschichtsbüchern steht, haben die Sieger geschrieben. Passe deshalb auf, womit du dein Unterbewusstsein fütterst, weil gerade die Medien unterbewusst unsere Glaubenssätze prägen.

Medien berichten nicht neutral – es ist immer die Meinung des Journalisten.

Wie viel Geld hat ein durchschnittlicher Journalist? Die wenigsten von ihnen sind angestellt, sondern selbstständig. Damit sind sie mit jedem einzigen Bericht von ihrem Arbeitgeber abhängig, beispielsweise einer ARD-Rundfunkanstalt oder dem ZDF. Fällt die Story nicht im Sinne der Redaktion aus, sinken die Chancen drastisch, dass sie am nächsten Tag wieder einen Auftrag erhalten. Bei den öffentlich-rechtlichen Sendern verdienen sie jedoch recht gut, aber haben keine Garantie, dass es so bleibt, da sie ja selbstständig sind. Wer frei für Zeitungen schreibt, verdient deutlich weniger. Hier kann man nur durch »Daueraufträge« oder als »fester Freier« gut über die Runden kommen. Ein großer Teil der Journalisten – was übrigens kein geschützter Beruf ist, jeder kann Journalist sein und werden – schlägt sich als Selbstständiger durch, bettelt um Aufträge oder macht nebenbei noch etwas anderes. Die anderen sind entweder bei den öffentlich-rechtlichen Sendern angestellt und verdienen dort durchaus üppig oder arbeiten bei den privaten Verlagen, die je nach Wirtschaftsstärke, Ertrag, Abonnenten und Anzeigenkunden gut bis sehr gut vergüten können.

Seit einem Jahrzehnt sinken jedoch die Auflagen drastisch (nicht nur wegen der Verfügbarkeit von Artikeln im Internet, sondern auch, weil viele Leser erkannt haben, dass Journalisten nicht immer die Wahrheit schreiben). Die verbliebenen Zeitungen und Zeitschriften sind deutlich dünner geworden. Verlage mussten in den vergangenen Jahren tausende Journalisten entlassen – oder konnten Selbstständige nicht mehr im früheren Umfang beauftragen. Journalist zu werden, ist daher kein Beruf mit (zumindest wirtschaftlicher) Zukunft. Die, die drin sind, tun also alles, um nicht anzuecken und – je nachdem, wo sie arbeiten – ihr gutes Einkommen oder einfach nur ihren Job zu sichern.

Journalisten sind also davon abhängig, dass ihr Arbeitgeber ihnen jeden Monat Geld zahlt. Ein Journalist fährt in der Regel keinen teuren Sportwagen, hat keine Villa und trägt keine 20 000-Euro-Uhr. Warum tut er das nicht? Er wird wahrscheinlich antworten, dass er das alles nicht brauche. Jetzt überleg dir einmal, wie so ein Mensch – dessen Arbeitgeber womöglich seit Jahren in der Krise steckt und mehrfach verkauft worden ist, womöglich noch an einen Finanzinvestor – über Geld berichtet, wie so ein Mensch über Unternehmertum berichtet, wie so ein Mensch über das Thema »Verkaufen« berichtet. Frage dich immer: Wer ist der Absender der Botschaft? Warum verbreitet er so eine Botschaft? Welche Erfahrung hat er gemacht, dass er so etwas veröffentlicht? Und wie hoch ist der – oft nur gefühlte und unausgesprochene – Druck der Redaktion?

Bediene dich daher verschiedener Quellen. Glaube nicht alles, was man dir erzählt. Bilde dir eine eigene Meinung. Recherchiere tiefer, wenn dich etwas interessiert.

Nebenbei, ich lebe schon seit mehreren Jahren ohne Fernsehen und lese auch keine Tageszeitung, ich höre im Radio keine Nachrichten. Glaube mir, wenn etwas wichtig ist, erreicht es mich auch so. Fokussiere dich auf dein Leben.

Leistungssport ist eine Charakterschule

Wenn sich jemand bei mir als neuer Mitarbeiter bewirbt und ich sehe in seinem Lebenslauf, dass er einmal Leistungssport gemacht hat, hat er sofort einen Pluspunkt bei mir gesammelt – oft unabhängig von der Sportart. Das allein reicht zwar nicht, dass ich ihn gleich einstelle, aber der Pluspunkt ist groß. Warum?

Ich habe früher Leistungssport gemacht, Triathlon, den ich sehr intensiv im Alter von 17 bis 25 Jahren betrieben habe. Der Sport hat mich unglaublich viel gelehrt, und er hat die Persönlichkeit aus mir gemacht, die ich heute bin. Daher kann ich nur jedem raten, selbst Leistungssport zu betreiben. Du lernst, dich besser zu organisieren. Du lernst, deine Woche zu planen, deine Saison zu planen, dein Jahr zu planen. Du lernst, mit der Tagesform umzugehen, du lernst, dich zu quälen, diszipliniert zu sein, Ordnung zu halten, und vor allen Dingen lernst du, mit Niederlagen umzugehen – Niederlagen im Training und Niederlagen im Wettkampf.

Leistungssport ist ein Spiel, Business ist ein Spiel, das Leben ist ein Spiel. Wenn du mit dieser Philosophie unterwegs bist, kannst du aus dem Leistungssport unglaublich viel ableiten für deine Persönlichkeitsentwicklung und für den Erfolg in deinem Leben.

Weniger enthusiastisch sehe ich den Leistungssport in einer Mannschaft. Bei einem Mannschaftssport lernst du, gut zu kommunizieren; du lernst auch, dein soziales Verhalten zu optimieren. Gleichzeitig bietet dir ein Mannschaftssport auch die Möglichkeit, Ausreden zu finden für dein Versagen, die Schuld auf andere zu schieben, die Verantwortung bei anderen zu suchen – statt bei dir. Bei einer Einzelsportart bist du ganz allein verantwortlich für deinen Erfolg, für deine Resultate und Ergebnisse. Später im Leben ist es genauso. Du bist verantwortlich für das Leben, das du hast. Also, wenn ich die Wahl hätte, ich würde die Einzelsportart als Leistungssport bevorzugen.

Vanessa Wenk: »Ich bin extrem zielorientiert«

Powerfrau Vanessa Wenk ist erst 32 Jahre alt und erfolgreiche Unternehmerin in der Immobilienbranche. Erst kürzlich wurde sie als Top-30-Founder ausgezeichnet – gemeinsam mit Persönlichkeiten wie Elon Musk, Sylvie Meis und Joko Winterscheidt. Sie ist damit ein Vorbild weit über die Immobilienbranche hinaus.

Mit 25 hat sie ihr eigenes Unternehmen Immowenk gegründet, mit dem sie Wohn- und Gewerbeimmobilien vermittelt. Daneben kauft sie privat und mit ihrer zweiten GmbH geschäftlich Immobilien und ist als Projektentwicklerin für Kapitalanlagen tätig. Wenk kommt aus sehr einfachen Verhältnissen. Daher rührt auch ihre Angewohnheit, aus ihren Immobilien jeden einzelnen Euro herauszuholen. So erzielt sie besonders hohe Renditen und Verkaufspreise.

Auf ihrem YouTube-Kanal gibt sie Immobilienmaklern und Kapitalanlegern die Möglichkeit, sich kostenlos weiterzubilden: Mit ihren Erfolgsprodukten Online-Makler-Training und ihrem persönlichen Mentoring-Programm gibt sie ihr Wissen an Makler und Investoren weiter und drillt sie darauf, aus Mauern und Beton richtig Kohle zu machen!

1 und 2) Was würde ich meinem 18-jährigen Ich und anderen mit 18 raten?

Lass dich als Immobilienmakler ausbilden, damit du rasch die Immobilienbranche kennenlernst – aber erst mal, ohne selbst Geld zu investieren und damit Risiken einzugehen. So sammelst du mit den Immobilien anderer Erfahrungen. Du solltest dann wesentlich schneller als allgemein üblich Immobilien kaufen, deren Wert steigern und im Bestand halten oder sie gewinnbringend verkaufen.

Reflektiere dein Handeln mehr, damit du nicht jeden Fehler zweimal machst. Du solltest viel mehr deine Ziele im Blick haben, sie vorher genau nach dem SMART-Prinzip[4] ausarbeiten, sie visualisieren und die genauen Schritte planen und umsetzen.

Ich habe relativ früh, mit 20 Jahren, verkaufen gelernt. Es war mein Erfolgsstrategie, in einem Raum vor acht Kollegen immer wieder Kaltakquise vor allen zu machen – eine harte Schule, weil mich alle dafür gehasst haben. Denn sie mussten nun auch solch eine Akquise durchführen, obwohl sie gar nicht wollten.

Ich würde dir und mir raten, früher und intensiver Menschen- und Mitarbeiterführung zu lernen, da ich nur so meinen Erfolg wirklich skalieren und ein Unternehmen aufbauen kann.

3) Was würdest du im Nachhinein als deinen größten Fehler bezeichnen, den man vermeiden sollte?

Mein größter Fehler war, dass ich nicht führen gelernt habe und der Meinung war, dass ich es einfach delegieren kann. Dass ich aber auch die Person führen muss, der ich es delegiert habe, daran habe ich nicht gedacht. Ich hätte noch zielorientierter und fokussierter sein können.

4 S – spezifisch, M – messbar, A – aktionsorientiert, R – realistisch, T – terminiert

4) Was hatte die größte positive Auswirkung auf dein Leben?
Dass ich tagtäglich das Ziel habe, »aus Stroh Gold zu machen«, und damit meine ich nicht nur das Finanzielle – sondern, aus hässlichen Immobilien ein schönes Zuhause zu gestalten und damit Werte zu schaffen. Dazu gehört auch, diese Fertigkeiten anderen Menschen beizubringen, die vorher nur über geringe Expertise im Immobilienbereich verfügten.

Die größte positive Auswirkung ist, dass ich extrem zielorientiert geworden bin und ich mir auf dem Weg zum Ziel für nichts zu schade bin. Ich mache alles, was nötig ist, um das Ziel zu erreichen – und dies gleichzeitig mit einer positiven, gut gelaunten Grundeinstellung, mit Menschlichkeit, Ausdauer und Durchhaltevermögen.

Die meisten scheitern am Umfeld

Deine Umwelt, dein Umfeld, der Ort, die Menschen, mit denen du dich umgibst, mit denen du Zeit verbringst – die prägen deinen Charakter. Du entwickelst Gewohnheiten, die Gewohnheiten bestimmen dein Schicksal. Bei meinen Gedanken aus dem *18-Jahre-Video* habe ich oben schon die Formulierung zitiert: »Du bist der Durchschnitt der fünf Menschen, mit denen du die meiste Zeit verbringst.« Der Ausspruch stammt von Jim Rohn, einem Amerikaner, der vor ein paar Jahren verstorben ist. Und da ist was dran. Er variiert den

Dein Umfeld prägt dich.

bekannten Satz: »Zeige mir deine Freunde, und ich sage dir, wer du bist.«

Schau dir deine Freunde an. Jene Leute, mit denen du die meiste Zeit verbringst. Wie sind die Noten deiner Freunde in der Schule? Bilde daraus einfach den Durchschnitt. Ich kenne deine Freunde nicht, aber ich weiß, dass du die gleichen Noten hast. Wenn sie alle kurz vor dem Sitzenbleiben noch mal die Kurve bekommen, hast du definitiv keine Einsen und Zweien auf dem Zeugnis, das Umfeld färbt ab.

Was für eine körperliche Verfassung haben deine Freunde? Sind deine Freunde alle übergewichtig und ernähren sich schlecht? Ich kenne deine Freunde nicht, ich kenne dich nicht, aber ich weiß, dass du dich in diesem Fall auch schlecht ernährst und übergewichtig bist und keinen Sport machst.

Spielen deine Freunde alle Fußball, trinken keinen Alkohol, rauchen nicht, gehen rechtzeitig schlafen und lassen keine Trainingseinheit ausfallen? Dann wirst du dich ähnlich verhalten, denn unser Umfeld prägt uns, ob bewusst oder unbewusst – dieser Aspekt ist ganz wichtig. Unser Umfeld will nicht, dass wir uns verändern.

Ein Kind, das in eine Unternehmerfamilie hineingeboren wird und im Alltag erlebt, was es bedeutet, Unternehmer zu sein, wird mit großer Wahrscheinlichkeit nach der Schule, möglicherweise nach einem Studium auch als Unternehmer tätig oder vielleicht schon während der Schule. Das hat nichts mit den Genen oder mit Geld zu tun, sondern mit dem Umfeld; eben, weil die Eltern unternehmerisch tätig und weil auch die Freunde und Geschäftspartner der Eltern Unternehmer sind. Erfolgreiche Unternehmer sind mit anderen erfolgreichen Unternehmern befreundet.

Ein Kind wird in eine Arztfamilie hineingeboren, die Mutter ist Ärztin, der Vater ist Arzt, medizinische Themen werden oft zu Hause bei Tisch besprochen. Die Wahrscheinlichkeit, dass das Kind später auch eine Karriere im medizinischen Bereich anstrebt, ist daher extrem groß. Wir orientieren uns an unseren Eltern, an unseren Vorbildern, an unserem Umfeld – und das beeinflusst deutlich. Denn wo sonst sollen persönliche Momente und Begegnungen, die uns inspirieren, prägen und vorantreiben, stattfinden?

Nehmen wir das Negativbeispiel: Der Vater ist arbeitslos, die Mutter ist Hausfrau, die Familie lebt von Hartz IV. Es wird immer gespart, es gibt ein großes Mangeldenken, es wird über die Reichen geschimpft, die Unternehmer, die alle Verbrecher sind. Wie soll aus diesem Kind später mal ein erfolgsorientierter Mensch werden? Das Kind bekommt über Jahre Glaubenssätze vermittelt, die es schließlich als die eigenen übernimmt.

Konfuzius hat gesagt: »Achte auf deine Gedanken, denn sie werden deine Worte. Achte auf deine Worte, denn sie werden deine Handlungen. Achte auf deine Handlungen, denn sie werden zu Gewohnheiten. Achte auf deine Gewohnheiten, denn sie werden zu deinem Charakter. Achte auf deinen Charakter, denn er wird dein Schicksal.« Ein Spruch, der 2500 Jahre alt ist. Die meisten scheitern am Umfeld. Und genau aus diesem Grund wollen Eltern oft eben auch nicht, dass man sich mit bestimmten Leuten abgibt.

Mit welchen Freunden umgibst du dich? Dein Umfeld prägt dich.

Du kannst kein positives Leben erwarten, wenn du dich nur mit negativen Menschen umgibst. Wie ist das in deinem Umfeld? Jammern alle nur, wie blöd die Schule ist, wie die Lehrer nerven, dass man kein Geld hat, dass alles so teuer ist, dass man auf dem Land wohnt, dass man noch kein Auto hat? Wenn du dich mit solchen Menschen umgibst, wieso solltest du dann ein positiver Mensch sein oder werden? Wie soll das gehen? Achte auf die Menschen, mit denen du dich umgibst.

Es gibt eine schöne Anekdote vom ehemaligen Präsidenten der Vereinigten Staaten, Bill Clinton. Bill Clinton und seine Frau Hillary sind auf Wahlkampftour, es geht um seine Wiederwahl. Ich gebe sie hier sinngemäß wieder. Nach einem Wahlkampftermin hält die Autokolonne an einer Tankstelle, weil Hillary auf Toilette muss. Es dauert sehr lange, und dann kommt sie wieder.

Bill fragt: »Warum hat das so lange gedauert?«

Hillary antwortet: »Du wirst es nicht glauben, aber der Chef der Tankstelle, der Inhaber der Tankstelle, mit dem bin ich zusammen zur Schule gegangen und mit ihm hatte ich auch mal was. Ich war da noch ganz jung.«

Bill antwortet: »Dann hast du ja Glück gehabt, wenn du mit ihm zusammengeblieben wärst, dann würdest du jetzt eine Tankstelle haben.«

Hillary antwortet: »Nein Bill, das hast du falsch verstanden. Wenn ich mit ihm zusammengeblieben wäre, wäre er jetzt der Präsident der Vereinigten Staaten.«

Ich weiß nicht, ob die Geschichte wahr ist, aber sie könnte wahr sein, und sie hat einen wahren Kern. Dein Umfeld hat einen extrem großen Einfluss auf deinen Charakter, überlege dir, mit wem du Zeit verbringst. Und der nächste Punkt, den ich erklären werde, hängt damit eng zusammen.

Netzwerke schaffen

Vor einigen Jahren war ich auf einem Klassentreffen meiner Realschule. Alle Schüler der ganzen Klassenstufe haben sich getroffen. Es war spannend, 25 Jahre später die ehemaligen Schüler wiederzutreffen und zu sehen, wie sie sich äußerlich verändert haben und was sie jetzt so machen. Ich bin, wie erwähnt, im Sauerland groß geworden, auf dem Land. Die nächste echte Großstadt war mit dem Auto 45 Minuten entfernt. Aus meiner Klasse sind nur zwei weitere Mitschüler aus der ländlichen Gegend weggezogen. Der eine ist ins Ruhrgebiet gegangen, und die andere ist nach Mallorca gezogen. Mich eingeschlossen, sind das drei von etwa dreißig. Alle anderen sind dort hängen geblieben, haben den Betrieb der Eltern übernommen oder Ähnliches. Die Gespräche waren nicht sehr tiefgehend, irgendwie hatte sich nichts verändert in 25 Jahren – unglaublich.

In Dubai dagegen, wo ich wohne, habe ich ganz andere Schüler kennengelernt. In Dubai gibt es nur Privatschulen. Dort kenne ich ein Mädchen, deren Vater ein Geschäftspartner von mir ist. Sie ist 15 und geht auf eine englische Privatschule. Mit ihrem Vater spricht sie Deutsch, mit der Mutter Spanisch, mit ihren Freunden in der Schule Englisch, und dann hat sie pro Schulwoche noch zwei, drei Stunden Arabischunterricht. Sie wechselt problemlos zwischen vier Sprachen hin und her – wow. Die Klassenfahrten gehen nicht in den Bayerischen Wald oder an die Ostsee, sondern nach Vietnam, Miami, Los Angeles, New York. Doch dort haben sie nicht einfach nur eine gute Zeit. In Vietnam etwa schlafen sie eine Woche lang draußen, so wie die einheimische Bevölkerung auch schläft. Tagsüber bauen sie gemeinsam eine Schule, Stein auf Stein. Es geht nicht nur darum, die Welt zu sehen, sondern es geht auch darum, etwas Sinnvolles zu tun. Jetzt überleg einmal, wenn dieses Mädchen in 25 Jahren ein Klassentreffen hat, was wird aus diesen Schülern geworden sein?

Ich bin davon überzeugt, dass es großartig ist, auf eine internationale Schule zu gehen. Und zwar wegen des ausgezeichneten Unterrichts, des Umfelds – und des Netzwerks, das du dir da aufbaust, des Umfelds, das ich eben angesprochen habe. Mehrsprachig aufzuwachsen, ist einer der größten Wettbewerbsvorteile, den du heute haben kannst. Du hast einen ganz anderen Blickwinkel, ein ganz anderes *Mindset*, ganz andere Glaubenssätze – vor allem durch die aus unserer Sicht exotischen Sprache. Du denkst viel größer (siehe Unterkapitel *Think big!*), und der Horizont ist wesentlich breiter. Du kommst in Kontakt mit anderen Kulturen, und jemand, der seine Kinder auf eine Privatschule schickt, muss beruflich erfolgreich sein, weil diese Schule viel Geld kostet. Die Kinder kommen also aus einem erfolgreichen Umfeld und treffen sich auf dieser internationalen Schule; im Video hatte ich über jene in Düsseldorf gesprochen. Was für ein Netzwerk baust du dir da wohl auf?

Das ist ein Beispiel für netzwerken, nämlich Schule, und was daraus entstehen kann. Das kann aber auch ein Verein sein, das kann eine Sportart sein, in der du so gut bist, dass du dir ein Netzwerk aufbaust. Viele Sportler machen nach ihrer aktiven Zeit Karriere in ihrer Sportart, als Manager, als Funktionär oder oder oder. Wenn sie die Sportart lieben, haben sie auch einen Beruf gefunden, der ihnen Freude macht – und zwar dort, wo sie ohnehin schon gearbeitet haben. Sie müssen sich nirgendwo bewerben oder erst mühsam Kontakte knüpfen, die haben sie automatisch.

Mein Tipp: Schaffe dir ein Netzwerk – und gehe dabei systematisch vor. Frage dich: Wer sind die Menschen, mit denen du auch in zehn Jahren noch Zeit verbringen willst? Wer ist möglicherweise gedanklich auf der gleichen Wellenlänge? Schaue dir Biografien von erfolgreichen Menschen an und achte auf ihre Netzwerke, also mit wem sie es zu tun haben.

Sei auf dem Feld

Die meisten Menschen beobachten erfolgreiche Menschen dabei, wie sie ihren Traum leben. Vielleicht schaust du am Wochenende Fußball-Bundesliga und beobachtest deine Lieblingsspieler deines Lieblingsvereins und siehst, wie sie ihren Traum leben. Vielleicht gehst du mal ins Stadion, da du die Atmosphäre dort liebst. Du beobachtest, wie Profifußballer ihre Vision verwirklichen. Du gehst ins Kino und erlebst Schauspieler dabei, wie sie ihren Traum leben, wie sie in unterschiedliche Rollen schlüpfen und das genießen. Hör auf, so viele Leute dabei zu beobachten, wie sie ihren Traum leben – lebe deinen eigenen Traum. Ja, ich schaue auch manchmal Fußball, selten. Ich gehe auch vielleicht einmal im Jahr ins Stadion und genieße das. Ja, ich gehe auch zwischendurch mal ins Kino. Aber ich lebe meinen – eigenen – Traum. Schaue, dass du selbst auf den Platz kommst. Sei der Hauptdarsteller in deinem eigenen Film. Sei der Hauptdarsteller in deinem eigenen Leben. Konsumiere nicht so viel, sondern sei selbst aktiv.

4. Karriere und Geld: Ausbildung, Job und Business

Ich war vor zwei, drei Jahren einmal richtig genervt. Genervt davon, dass mir Leute immer wieder erzählt haben, dass sie keinen Job finden – und das in Zeiten von Vollbeschäftigung und Fachkräftemangel. Dann habe ich mir deren Vorgehensweise angeschaut und habe gedacht: »So wie ihr das macht, so funktioniert das nicht.« Es gibt immer genügend Jobs. Es gibt immer Arbeit, egal, wie die Wirtschaft gerade läuft. Es gibt immer Menschen, die rausgehen und sich holen, was sie haben wollen – und es gibt den ganzen Rest. Der Rest, damit meine ich die Leute, die Bewerbungen schreiben. Wenn du arbeiten willst, findest du Arbeit, egal wie qualifiziert du bist, egal wie schlecht dein Deutsch ist, egal wie alt du bist. Du findest Arbeit. Wenn du kein Geld hast – es gibt genug Geld da draußen, das Geld ist nur noch nicht bei dir. Du warst noch nicht in der Lage, anderen klarzumachen, warum sie ihr Geld gegen deine Leistung tauschen sollen. Das ist die Idee von »Verkaufen«, die ich am Ende dieses Kapitels und damit des Buchs ausführlich behandeln werde – denn sie ist einer der wichtigsten Erfolgsfaktoren in deinem Leben.

Du musst dich verkaufen. Was kann ein Bewerber, ein Kandidat, ein Jobsuchender, ein Arbeitsloser von einem Verkäufer lernen? Du suchst einen Job – wie gehst du (bislang) vor? Du gehst zur Arbeitsagentur und fragst: »Wo sind offene Stellen gemeldet?« Du besuchst die Online-Stellenbörsen, du schaust in die regionalen Tageszeitungen, entdeckst dort Stellenanzeigen, schreibst eine Bewerbung und schickst sie los. Ja, so machen es 99,9 Prozent aller Bewerber. Aber weißt du was? Die allermeisten Jobs werden nicht ausgeschrieben, sie werden besetzt, bevor überhaupt öffentlich wird, dass dieser Job zu vergeben ist. Wir sprechen über etwa 10 Prozent der Stellen, die frei sind und die ausgeschrieben werden. 90 Prozent der Jobs werden nie bekannt gemacht. Sie werden besetzt, ohne dass die Öffentlichkeit jemals davon erfährt.

Was heißt das? Auch generell und übertragen auf andere Lebensbereiche? Kein Verkäufer würde darauf warten, dass ein Kunde seinen Bedarf ausschreibt. Ein Verkäufer überlegt sich, wer sein Kunde ist und was für den Kunden Sinn ergeben könnte. Dann nimmt er Kontakt auf. Er ruft an, vereinbart einen Termin oder verkauft direkt am Telefon. Ich jedoch habe – wie viele andere – in der neunten Klasse der Realschule gelernt, wie man einen Lebenslauf schreibt, wie man eine Bewerbung schreibt und dass man sich auf ausgeschriebene Stellen zu bewerben hat. Wie ein Bittsteller. Denn wie sieht unser Schulsystem, ja unser gesamtes Gesellschaftssystem aus? Der Staat, die Mächtigen in unserem Land möchten, wie in allen Ländern, ein Volk haben, das leicht zu führen ist. Menschen in Abhängigkeiten sind leicht zu führen. Menschen, die früh eine Familie gründen, die als Angestellte in Firmen arbeiten, die eine selbst genutzte Immobilie haben und damit nicht mehr mobil sind. Immobilieneigentum, das über die Bank finanziert ist. Jetzt hast du all deine Gestaltungsmöglichkeiten abgegeben: Du arbeitest für andere und bist abhängig davon, dass andere dir dein Geld zahlen. Du bist abhängig davon, dass andere dich als Arbeitskraft behalten. Du bist abhängig von Banken. Wenn du nicht zahlst, können sie dir dein Haus wegnehmen und du bist verschuldet. Du bist nun nicht mehr mobil und hast deine Freiheit abgegeben.

Der Staat will keine freien Bürger haben. Freie Bürger kommen auf komische Ideen. Also ist unser System so, dass wir standardisiert ausgebildet werden in den Schulen und dass wir dann als Angestellte arbeiten sollen. Selbstständigkeit oder gar Unternehmertum waren in der Realschule nie ein Thema. Diese Idee gab es überhaupt nicht und wenn, dann wurde der Kapitalismus im Gesellschaftskundeunterricht negativ behandelt.

Der Staat will keine freien Bürger haben. Freie Bürger kommen auf komische Ideen.

Überlege dir:

- Wie gründet man eine Firma?
- Wie stellt man Mitarbeiter ein?
- Wie funktioniert das Steuersystem?
- Was ist der Unterschied zwischen brutto und netto?
- Wie geht man mit Geld um, wie investiert man Geld?

All das wird in der Schule nicht besprochen – weil es auch nicht gewollt ist. Arbeitnehmer sind einfacher zu kontrollieren als Selbstständige oder gar Unternehmer, und genau dadurch entsteht diese Denke, dass Erfolg nicht selbst beeinflussbar ist, sondern von Schicksal gesteuert wird. Dadurch entsteht diese Denkweise, dass der Staat für uns sorgt und wir für andere arbeiten.

Im Unterkapitel *Fehler im System* werde ich mehr dazu sagen – wobei sich dieses Kapitel so wie das Vorherige darum dreht, wie du selbst das Heft des Handelns in die Hand nimmst und nicht nur ein mündiger, sondern auch ein aktiver Bürger wirst, der sich nicht die Butter vom Brot nehmen lässt. Was ich dir mit meinen Erkenntnissen auf den folgenden Seiten ermöglichen möchte, ist deine wirtschaftliche, glücklich machende und vor allem finanziell erfolgreiche Existenz – geprägt durch deine Entscheidungen in puncto Ausbildung, Karriere und Geld.

Schulabschluss, Abitur, Lehre oder Studium?

Eine der häufigsten Fragen, die mir gestellt werden, lautet: »Dirk, soll ich meine Schule hinwerfen, ich habe keine Lust mehr. Soll ich studieren, soll ich eine Lehre machen oder soll ich mich sofort selbstständig machen?« Diesen Punkt habe ich bereits in meinem *18-Jahre-Video* besprochen. Er ist es wert, gründlicher behandelt zu werden.

Die Frage ist für mich schwer zu beantworten, weil sie eine große Tragweite hat. Es ist eine Entscheidung, die ich gern mit einem Laserpointer vergleiche. Man nutzt ihn manchmal bei Vorträgen, um auf der Leinwand etwas zu unterstreichen. Wenn du diesen kleinen Laserpointer in deiner Hand nur zwei Millimeter nach rechts schiebst, dann ist der Punkt auf der Leinwand plötzlich fünf Meter von der Stelle entfernt, wo er eigentlich sein sollte. Genauso ist es bei diesen Entscheidungen. Eine Entscheidung hat eine unglaubliche Tragweite für dein Leben. Davon abgesehen kenne ich dich nicht persönlich und weiß nicht, wie deine Lebensumstände sind und was du für eine Persönlichkeit bist.

Die erste Regel lautet jedoch: Wenn du einmal anfängst, aufzugeben, wird es dir immer leichter fallen, aufzugeben – und du wirst Dinge nicht mehr zu Ende bringen. Auf diese Weise wirst du keine Ergebnisse erzielen. Wenn du keine Resultate produzierst, bist du nicht erfolgreich. Du wirst kein Geld verdienen, und du hast keinen praktischen Wert für die Gesellschaft. Oben habe ich bereits das Beispiel vom Triathlon gebracht. Da steht schonungslos in den Ergebnislisten »DNF«, *did not finish*. Diese Formulierung bezieht sich natürlich auf den Maßstab »Überschreiten der Ziellinie«. Denn genau genommen hat der Sportler den Wettbewerb ja schon vorher beendet. Weil es einen technischen Defekt am Fahrrad gab, den er nicht lösen konnte, weil er eine Verletzung hatte – oder weil er aufgegeben hat. Es kann immer mal passieren, dass die Technik dir einen Streich spielt, dass du an dem Tag krank bist oder du dich verletzt. So etwas kann passieren, und dann bleibt einem tatsächlich nichts anderes übrig als abzubrechen, Aber normalerweise gibst du nicht auf. Daher waren die Idole meiner Jugend die Triathleten, die niemals aufgegeben haben. Egal wie die Umstände waren, sie haben den Wettbewerb immer regulär beendet. Nie stand bei ihnen »DNF«.

Egal welchen Sport du machst, du gehst immer wieder in den inneren Dialog und hast den Konflikt. Du fragst dich immer wieder selbst, warum mache ich das hier gerade? Wäre es nicht viel einfacher und bequeme, sich jetzt ins Gras zu legen oder zu Hause auf dem Sofa zu liegen und eine Serie zu schauen? Ja, natürlich wäre es einfacher. Aber immer nur den einfachen Weg zu gehen, das wird in deinem Leben später eine große Leere hinterlassen – weil du nichts angepackt und deswegen auch nichts erreicht hast. Es wäre einfacher für mich gewesen, damals in der Fabrik zu bleiben, 2000 Mark netto in der Tasche zu haben, schon früh ein eigenes Auto und eine eigene Wohnung zu haben. Cool, aber ich wäre heute nicht da, wo ich bin. Ich würde nicht dieses Leben führen, das ich heute führe. Bei allem Respekt, aber ich sehe, wie Frank lebt. Der Frank aus der Nachbarschaft, mit dem ich aufgewachsen bin. Mit 50 siehst du rückblickend die Abzweigungen auf der Straße des Lebens. Wann hast du eine Abzweigung genommen, wann bist du weiter auf der Straße geblieben, wohin hat dich diese Weichenstellung geführt.

Das war jetzt ein langer Bogen, den ich geschlagen habe, aber jetzt kommt die Antwort auf die obige Frage: Schulabschluss – ja, natürlich!

Abitur? Hier erhält man eine mögliche Antwort, wenn man vom Ende her denkt – eine auf lange Sicht ausgerichtete Denkweise, der ich das nächste Unterkapitel *Dein Weg zum Traumjob* gewidmet habe. Wie willst du in fünf, zehn, zwanzig Jahren leben? Wie soll dein Leben mit 30 oder 40 Jahren aussehen? Du musst dir darüber möglichst schnell klarwerden. Deshalb finde ich es unglaublich wichtig, dass du dich mit der Berufswahl beschäftigst. Überlege dir spätestens ab dem Alter von 13, 14 Jahren, was du gern beruflich machen möchtest. Stelle die Überlegungen zusammen mit jemandem an, der dich gut kennt. Das können deine Eltern sein, deine Großeltern, vielleicht ein erfahrener Pädagoge aus der Schule. Und wenn du zu einigen Ideen gekommen bist, schnuppere in diese Berufe rein. Wenn du Arzt werden willst, mache ein Praktikum in einer Arztpraxis oder im Krankenhaus. Frage Ärzte, ob du sie mal einen Tag lang begleiten darfst. Schreibe dir auf einem Zettel alle Fragen auf, die du gerne beantwortet haben möchtest, und dann informiere dich gründlich über diesen Beruf. Mache nur die Hälfte der Ferien Urlaub und Party. Die andere Hälfte schaust du in diese Berufe rein. Dabei geht es nicht darum, dass du dafür Geld bekommst. Frage gar nicht erst, was du dafür erhältst, dass du zwei Wochen ein Praktikum in einer Arztpraxis machst. Denn eigentlich kostest du diese Arztpraxis Geld, weil du oft im Weg stehst, weil dir die, die dort arbeiten, Dinge erklären müssen und dieses Erklären Zeit kostet – und Zeit ist Geld. Ich lasse aus diesem Grund in meinem Unternehmen nur ganz selten Praktikanten zu. Ganz selten, weil uns die Praktikanten nur aufhalten. In dem Moment, wo sie nach der Einarbeitungszeit für uns nützlich sind, sind sie schon wieder weg. Trotzdem gibt es viele Unternehmen und Organisationen, die Praktika anbieten. Aber komme bitte nicht auf die Idee zu fragen: »Was bekomme ich, wenn ich dort einen Ferienjob mache oder ein Praktikum mache?« Denn hier geht es ausschließlich um Erfahrung – und auch um das möglichst frühzeitige Erkennen, welche Berufe und Tätigkeiten einem doch nicht liegen, weil man nun sieht, wie es live zugeht. Denn oftmals ist das Bild vom angestrebten Beruf noch vage und direkte Einblicke hat man – außer es ist der Beruf der Eltern oder Bekannten – nur selten. Finde also erst einmal heraus, ob der Beruf überhaupt das Passende für dich ist.

> Denke früh darüber nach, welchen Beruf du ergreifen möchtest.

Ich kenne ein Mädchen, dessen erster Berufswunsch Kindergärtnerin beziehungsweise Erzieherin war. Sie liebte es, mit Kindern zu spielen, und schon mit 13, 14 hat ihr Stiefvater ihr ein Praktikum in einem Kindergarten besorgt. Eine Woche sollte das Praktikum gehen. Nach dem dritten Tag hatte sie schon die Nase voll und wollte dort nicht mehr hingehen – und das war gut so. Von dem Moment an war ihr klar: Mit Kindern spielen ist prima. Dies aber jeden Tag tun, ja, daraus einen Beruf machen – auf keinen Fall. Dieses extrem kurze Praktikum war daher sinnvoll. Denn anstatt diesen Berufswunsch noch Jahre mit sich herumzutragen, gar eine Ausbildung oder ein entsprechendes Studium anzuvisieren, konnte sie diese Tätigkeit nun ausschließen. Vielen Menschen fällt es schwer zu definieren, was sie haben wollen. Es fällt ihnen viel leichter zu definieren, was sie nicht haben wollen – und dieses Aussieben ist schon mal ein guter Anfang. Wenn es dir ebenso geht, schreibe zuerst auf, was du nicht haben willst.

Das Mädchen hat sich auch für Pferde interessiert, wie die meisten Mädchen in der Pubertät. Pferdeposter zu Hause und Ferien auf dem Reiterhof – sie wollte das gerne beruflich machen. Der Beruf heißt Pferdewirt. Der Stiefvater hat sie auf alle möglichen Reiterhöfe geschickt, um dort Praktika zu absolvieren. In der neunten Klasse startete sie, parallel zur Schule, im Februar ein dreiwöchiges Praktikum. Das heißt, im Dunkeln aus dem Haus gehen, im Dunkeln zurückkommen. Es war eiskalt, und sie musste den Stall ausmisten und die Pferde striegeln. Ja, geritten ist sie auch, aber das waren immer nur ein paar Minuten am Tag. Es blieb dabei: Ja, sie würde gern etwas mit Pferden machen. Aber nicht das, was sie jetzt gemacht hat, Pferde striegeln und den Stall saubermachen.

Was war dann ihre weitere Neigung? Anderen Menschen zu helfen! Sie hatte ein großes Bedürfnis, anderen Menschen zu helfen. Daher kam sie auf die Idee, beide Leidenschaften miteinander zu verbinden, und zwar mit Therapeutischem Reiten. Sie hat schließlich eine Ausbildung zur Ergotherapeutin gemacht und arbeitet heute, soweit ich das beurteilen kann, glücklich in ihrem Beruf. Geblieben ist jedoch die Arbeit mit Menschen und die Therapie.

Diese Episode über die Berufsfindung ist ein wahres Beispiel, wie alle Beispiele in diesem Buch, und stammt aus meinem direkten Umfeld. Daher noch einmal der Rat an dich, sich frühzeitig mit der Frage nach dem geeigneten Beruf zu beschäftigen, und nicht erst in der neunten oder zehnten Klasse darüber nachzudenken. Die Berufswahl ist eine der wichtigsten Entscheidungen in deinem Leben. Sie ist genauso wichtig wie die Wahl der Partnerin oder des Partners. Mit beidem verbringst du unglaublich viel Lebenszeit, mit deinem Beruf und mit deinem Mann oder deiner Frau.

Vom Ende her denken

Wie willst du leben, wenn du 30 oder 40 Jahre alt bist? Aus dieser Antwort ergibt sich oftmals der Beruf – und der Weg dorthin. Wenn dich Flugzeuge faszinieren und du Pilot werden möchtest, brauchst du dafür Abitur. Diese Frage, ob ich eigentlich Abitur benötige, wäre also für angehende Piloten beantwortet. Sie stellt sich nicht mehr, und daher fragst du dich auch nicht in der Schule: »Warum sitze ich hier?«, sondern du sitzt hier, weil du Pilot werden willst und weil du von den Fluggesellschaften nur zum Piloten ausgebildet wirst, wenn du Abitur hast. Wenn du Offizier, Kommissar oder Arzt werden willst, dann brauchst du Abitur. Und was spricht noch für das Abitur? Du hast zwei Jahre länger Zeit, erwachsen zu werden. Du hast zwei Jahre länger Zeit, deine Persönlichkeit zu entwickeln, Erfahrungen zu machen und auch Fehler zu machen. Das alles spricht für das Abitur.

Möchtest du aber später Unternehmer werden, und du hast schon eine konkrete Idee, was genau du machen willst? Brauchst du dann Abitur? Nein, brauchst du nicht, jedenfalls nicht zwingend. Denn Unternehmer bist du nicht im luftleeren Raum, sondern mit einer konkreten Geschäftsidee. Dafür brauchst du Fachwissen, und das wiederum erhältst du, je nach Fachgebiet, über ein Studium. Also hier lautet die Antwort: Es kommt drauf an.

Soll ich eine Lehre machen? Auch hier ist die Antwort davon abhängig, welchen Beruf du später einmal ausüben willst. Zwei, drei Jahre Berufsausbildung sorgen dafür, dass du neben dem Erlernen eines Handwerks auch erwachsen wirst und als Persönlichkeit reifst. Es läuft nämlich immer auf das Gleiche hinaus: Jedes Jahr, in dem du etwas Sinnvolles machst und neue Dinge lernst, ist hilfreich, weil es dich in deiner Persönlichkeitsentwicklung weiterbringt. Manche Ausbildungen dagegen sind aus meiner Sicht nur Zeitverschwendung, weil du dort nicht genug lernst. Du hast einen Bürojob und musst ständig kopieren, lochen, abheften, Kaffee kochen. Was willst du da lernen? Du hast irgendeine Ausbildung, bei der du jeden Tag das Gleiche machst. Was willst du da lernen? Du lernst, mit Frust umzugehen, ja, aber das bringt dich nur begrenzt weiter. Wenn du eine Lehre machst, suche dir einen Betrieb, in dem sichergestellt ist, dass du an viele Dinge rankommst. Stelle klar, dass du einen persönlichen Ausbilder hast, dass du mehrere Abteilungen durchläufst und dass du wirklich für einen Beruf qualifiziert wirst. Unser Modell der dualen Ausbildung, das heißt sowohl im Betrieb zu arbeiten als auch in der Berufsschule zu lernen, ist wirklich das Beste, was es auf diesem Planeten gibt. So hast du eine Mischung aus Theorie und Praxis. Wenn du dich also fragst, ob du Zeit und Nerven in eine Ausbildung investieren sollst, kommt es darauf an, wo du hinwillst und was du möchtest. Werde dir klar darüber, und wenn es auch eine Entscheidung für nur eine Richtung ist. Bitte mache nicht den Fehler, dass du einen Ausbildungsberuf danach auswählst, wo es während der Ausbildung mehr Geld gibt. Wenn du zur Polizei, zur Bundespolizei oder zur Bundeswehr gehst, verdienst du in der Ausbildung mehr Geld als anderswo. Aber erstens zählt das Argument nur während der Ausbildungszeit, und zweitens solltest du nicht dem Geld folgen, sondern deiner Leidenschaft. Das mit dem Geld klären wir später. Gehe daher nur zur Polizei oder zum Militär, wenn du diesen Beruf, diese Aufgabe liebst, weil dich die Aufgabe fasziniert – und entscheide dich nur dafür, wenn du dich im Vorfeld gut informiert und mit vielen Menschen darüber gesprochen hast; was du übrigens generell und immer tun solltest.

> **Dein Berufswunsch gibt den Karriereweg vor – und zum Ziel führen verschiedene Routen.**

Soll ich studieren? Hier kann ich dasselbe erwidern wie im Fall der Lehre. Die Antwort gibt dir dein Berufswunsch – wie du ihn findest, erkläre ich im nächsten Unterkapitel *Dein Weg zum Traumjob* –, gepaart mit der Regel »Vom Ende her denken«. Trotzdem gibt es gegenüber der Berufsausbildung einen gewichtigen Unterschied: Ein Studium – und die oft daran anschließende Zusatzausbildung – kosten eine Menge Zeit, vier bis sechs Jahre im Schnitt. Bei Juristen oft mehr und bei Medizinern ganz bestimmt. Wenn du also studierst, ziehe es durch. Sei so schnell wie möglich fertig. Klar kann man mal aufs falsche Pferd setzen. BWL beispielsweise wird in Deutschland meist auf sehr langweilige Weise vermittelt. Da steigen selbst Cracks aus. Das weiß man aber nach einem Semester, sodass du es erneut als Erfahrung und nicht als vergeudete Zeit abbuchen kannst. Ansonsten: Fokussiere dich darauf, das Studium abzuschließen, und mache nicht zu viele Dinge parallel. Wenn der Beruf, der deine Leidenschaft ist, ein Studium voraussetzt, gibt es dazu keine Alternative. Wenn du Unternehmer werden willst, musst du nicht unbedingt studieren. Es kommt hier auf den Wirtschaftszweig und dein Geschäftsmodell an.

Du spielst mit dem Gedanken, das Studium abzubrechen oder die Lehre abzubrechen? Meine erste Reaktion hierzu: Wenn du abbrichst, wird es dir beim nächsten Mal noch viel leichter fallen, aufzugeben – und Abbrecher werden dauerhaft nicht erfolgreich. Aber wenn du keinen Sinn mehr darin siehst, brich ab. Wie erwähnt, solltest du dies aber in den ersten Monaten erkennen. Steige aus diesem Grund auch gleich voll ins Studium ein und mache keine ausgedehnte Orientierungsphase. Wenn du aber eine andere Chance in deinem Leben siehst, die einmalig ist und für die du deinen Studienabschluss nicht brauchst, kannst du natürlich auch diese Chance für dich nutzen. Steve Jobs hat kein Studium beendet, Bill Gates auch nicht, und Mark Zuckerberg brach ebenfalls sein Studium ab, und das an der Eliteuni Harvard. Trotzdem haben sie ihre Chancen genutzt, wobei Gates aus wohlhabendem Hause kam und Zuckerberg auch einen soliden Hintergrund hatte. Die positive Wirkung solcher Faktoren habe ich bei der Erläuterung der Themen »Umfeld« und »Netzwerken« erklärt (vgl. Unterkapitel *Achte auf dein Umfeld* und *Baue dir ein Netzwerk auf und gehe raus*).

Doch selbst wenn du das Studium beendest, heißt das nicht, dass du auch später in diesem Beruf arbeitest. In einem Pharmakonzern habe ich einmal ein Training für eine Gruppe von Verkäufern gemacht. Diese Leute verkaufen Medikamente, und zwar an erfolgreiche Mediziner – und so war jeder dieser Verkäufer ebenfalls promovierter Pharmazeut oder Mediziner. Ich persönlich kann mir nicht vorstellen, dass jemand sein –

extrem aufwendiges und langes – Medizinstudium durchzieht und anschließend promoviert, um später im Außendienst Kollegen zu besuchen und sie über die neuesten Medikamente zu informieren. Doch die Seminarteilnehmer sind beruflich sehr erfolgreich, verdienen gutes Geld, und alle sagen: »Ich möchte nicht mit meinem Kunden tauschen. Ich möchte nicht als Chefarzt oder Oberarzt im Krankenhaus arbeiten. Ich habe so mehr Geld und mehr Lebensqualität.« Bitte denke immer daran: Auf dem Weg zu deinem Traumberuf wird es viele weitere Optionen geben, es ist eine lebenslange Entwicklung. Du musst immer entscheiden, was du willst. Wenn du allerdings eine Entscheidung triffst und sie stellt sich nachher als falsch heraus – wobei es meiner Meinung nach keine falschen Entscheidungen gibt –, gib bitte nicht deinen Eltern die Schuld, deinen Lehrern oder mir als Autor dieses Buches. Übernimm Eigenverantwortung, du, allein du bist verantwortlich für dein Leben und die Resultate, die du in deinem Leben erzielst.

Dr. Dr. Rainer Zitelmann: »Setze dir große Ziele«

Dr. Dr. Rainer Zitelmann ist Historiker und Soziologe – und zugleich ein weltweit bekannter Buchautor, Publizist und erfolgreicher Immobilieninvestor. Zitelmann studierte Geschichte und Politikwissenschaft und promovierte 1986 in Geschichte mit Auszeichnung. Danach war er Wissenschaftlicher Assistent am Zentralinstitut für sozialwissenschaftliche Forschung der FU Berlin, Cheflektor des Ullstein-Propyläen-Verlages und Ressortleiter der Tageszeitung

Die Welt. *2000 gründete er seine eigene Firma, die Dr.ZitelmannPB.GmbH, die 15 Jahre lang Marktführer für die Kommunikationsberatung von Immobilienunternehmen war. 2016 verkaufte er die Firma und promovierte ein zweites Mal - diesmal in Soziologie über die »Psychologie der Superreichen«. Zitelmann hat 23 Bücher geschrieben und herausgegeben, die in zahlreiche Sprachen übersetzt wurden. Er hält Vorträge in Asien, den USA und Europa und schreibt wöchentlich eine Kolumne für Forbes.com. Sein weltweit erfolgreichstes Buch ist gerade in Großbritannien, den USA und China sowie in Deutschland in einer Neuauflage erschienen:* Setze dir größere Ziele.

Rainer Zitelmann auf Forbes.com: https://www.forbes.com/sites/rainerzitelmann/#26c2f412c35e
YouTube: https://www.youtube.com/channel/UCPRVdYv0SM0KvWb38Bcw4sw

1) Mal angenommen, Sie würden heute ihr 18-jähriges Ich treffen, welchen Rat würden Sie ihm geben?
Mit 18 Jahren habe ich fast jeden Tag einen Joint geraucht, meistens mehrere. Politisch gesehen stand ich weit, weit links, ich war Marxist und wäre am liebsten Berufsrevolutionär geworden. Wenn ich den Rainer Zitelmann des Jahres 1975 treffen würde, würde ich ihm sagen: Du wirst dich noch wundern, was sich alles ändert in deinem Leben und wie gleich du dir trotzdem noch mit über 60 sein wirst.

2) Was würden Sie einem heute 18-Jährigen raten?

Erstens: Überlege dir nicht, *was* du studieren sollst, sondern *ob* du überhaupt studieren sollst. Und wenn du studierst, dann bitte nicht BWL. Zweitens: Setze dir große Ziele! Träume von größeren Dingen als andere, traue dich, gegen den Strom zu schwimmen! Drittens: Lebe dein Leben so, dass viele Menschen neidisch auf dich sein werden! Viertens: Lese viel mehr Bücher, als du es im Moment tust – fange am besten mit meinen Büchern an.

3) Was würden Sie im Nachhinein als Ihren größten Fehler bezeichnen, den man vermeiden sollte?

Drogen und Alkohol. Lass die Finger davon. Erfolgreiche Menschen wie Karl Lagerfeld oder Warren Buffetts Partner Charles Munger haben davor immer wieder zu Recht gewarnt. Alkohol und Drogen können alles kaputt machen, was du dir erträumst. Ich bin nach wenigen Jahren vom Alkohol weggekommen.

4) Was hatte die größte positive Auswirkung auf Ihr Leben?

Dass ich nie verlernt habe zu träumen und immer irgendwie ein Kind geblieben bin. Meine Träume haben sich oft geändert, aber ich habe immer geträumt: Ich wollte ein bekannter Historiker werden, ich wollte politische Diskussionen anstoßen, ich wollte finanziell frei werden, ich wollte einen besseren Körper haben als 99 Prozent meiner Mitmenschen. Heute möchte ich die ganze Welt mit meinen Büchern erobern – und mit 62 fange ich erst richtig an! Und ich wollte schon immer die schönsten Mädchen haben, das ist als Konstante geblieben in meinem Leben.

Dein Weg zum Traumjob

Ich habe eben sehr viel über deinen Berufswunsch als Orientierungspunkt für Entscheidungen gesprochen. Du magst einwenden: »Ich habe aber noch gar keinen.« Das kann ich verstehen; so geht es vielen – zumal die Auswahl auch riesig ist und immer größer wird. So gibt es allein in Deutschland mehr als 20 000 Bachelor- und Masterstudiengänge. Bei Berufen und konkreten Tätigkeiten sind die Schattierungen ebenso umfangreich. Wofür soll man sich da entscheiden? Aus diesem Grund habe ich ein Video aufgenommen, das schon weit über 200 000 Mal gesehen worden ist, *Das wichtigste Video deines Lebens.* Dort erkläre ich, wie du an deinen Traumjob kommst:

1. Du machst dir klar, was deine Stärken sind. Was lernst du schnell? Was fällt dir leicht? Was kannst du gut?
2. Was sind deine Neigungen? Was tust du gern? Was würdest du auch ohne Geld machen?
3. Wo gibt es einen Bedarf? Was können andere Menschen gebrauchen, von dem, was du gut kannst und gern tust?
4. Ein ganz wichtiger Punkt: Lässt sich damit Geld verdienen? Wer hat das Geld, das du haben möchtest?

Unterm Strich geht es also darum, dich selbst (besser) kennenzulernen. Denke dabei bitte immer auch an den Arbeitsmarkt – also welche Tätigkeiten werden später einmal gebraucht, wo liegt die Zukunft, welche Experten und Fertigkeiten sind begehrt und damit auch gut bezahlt? An diesen bedeutsamen Aspekt denken Lehrer und andere Ratgeber nur selten – und die Jugend offenbar auch. So titelte gerade erst die Tageszeitung *Die Welt*: »Deutschlands Schüler träumen von Berufen ohne

Zukunft.«[5] Traurig und bezeichnend. Anlass war die Vorstellung einer internationalen Studie der Organisation für wirtschaftliche Zusammenarbeit und Entwicklung (OECD) über die Berufsvorstellungen Jugendlicher im 21. Jahrhundert. »Gefragt, welchen Beruf sie mit 30 Jahren ausüben werden, nennen die Jugendlichen aber zu 45 Prozent Berufe, die in den kommenden zehn bis 15 Jahren wegzufallen drohen, schreiben die Bildungsforscher«[6], so die Kernbotschaft der Untersuchung in 41 Ländern. Dabei ist Deutschland stärker als andere Länder von der Digitalisierung und dem Wandel der Arbeitswelt betroffen. Du solltest dich daher unbedingt an diesen gesellschaftlichen Entwicklungen orientieren – und nicht nur an deinen Träumen und Talenten, so wichtig sie auch sind und so sehr ich sie auch propagiert habe.

Mache dir klar, welche Berufe überhaupt gebraucht werden.

Jetzt überlegst du dir: In welchem Beruf und bei welchem Unternehmen möchtest du arbeiten? Dann machst du dir eine Liste, und zwar eine lange Liste. 100 Unternehmen, bei denen du arbeiten möchtest und die du daraufhin ansprichst. Aber fang jetzt nicht mit deinen Favoriten an. Sie gehören unbedingt auf diese Liste, aber starte nicht mit ihnen. Nehmen wir an, du würdest gern bei Apple oder bei Google arbeiten. Wenn diese beiden auf deiner Prioritätenliste ganz oben stehen, die zunächst eine Anrufliste ist, dann starte nicht mit ihnen! Be-

5 https://www.welt.de/wirtschaft/karriere/bildung/plus205232453/OECD-Studie-Deutschlands-Schueler-traeumen-von-Berufen-ohne-Zukunft.html?wtrid=onsite.onsitesearch; abgefragt am 24.01.2020.

6 https://www.welt.de/wirtschaft/karriere/bildung/plus205232453/OECD-Studie-Deutschlands-Schueler-traeumen-von-Berufen-ohne-Zukunft.html?wtrid=onsite.onsitesearch; abgefragt am 24.01.2020.

ginne in der Mitte, du musst erst einmal ein bisschen warm werden mit der Methode: Dann recherchierst du, informierst dich über das Unternehmen. Im Idealfall findest du heraus, wer dein zukünftiger Chef ist – es ist nicht die Personalabteilung, mit der du bei der Bewerbung zu tun hast.

Wie funktionieren größere Unternehmen? In größeren Unternehmen gibt es natürlich eine Personalabteilung, die den Auswahlprozess für den neuen Mitarbeiter steuert und den Papierkram erledigt. Die Personalabteilung ist dabei ein interner Dienstleister für die Fachabteilung. Angenommen, du möchtest gern in den Vertrieb eines bestimmten Unternehmens. Dann finde heraus, wer der Chef dieser Vertriebsabteilung ist, wer also Vertriebsleiter oder Verkaufsleiter ist. Jetzt bereitest du dich gut vor und schreibst dir einen Argumentationsleitfaden. Warum bist du der richtige Kandidat? Welche Einwände könnte er gegen dich haben? Du bist zu jung oder zu alt, du hast nicht genug Erfahrung, du bist ein Seiteneinsteiger, es gibt gerade keine freien Positionen und so weiter. Du schreibst dir deine Antworten auf und übst den Dialog mit einem Freund, bis das Ganze flüssig funktioniert. Dann rufst du diesen Verkaufsleiter an, sagst ihm, wer du bist und warum du anrufst, dass du gern bei ihm im Außendienst arbeiten möchtest, weil du das und das gesehen hast, weil dir das und das gefällt. Wichtig ist jetzt: Du musst ihm klarmachen, was er davon hat, wenn er dich einstellt und nicht, was *du* davon hast. Das interessiert ihn gar nicht. Du vereinbarst dann einen Vorstellungstermin und holst dir den Job, den du haben willst.

Hör auf, Bewerbungen zu schreiben! Wie gesagt, 90 Prozent der Jobs werden vergeben, ohne dass jemals eine Bewerbung geschrieben wird. Du kannst ja deine Bewerbung zum Vorstellungsgespräch mitbringen, aber erst einmal vereinbarst du das Vorstellungsgespräch. Bitte merke dir: Wenn du tust, was alle tun, bekommst du das, was alle bekommen – und damit bist du Durchschnitt. Willst du ein glückliches und erfolgreiches Leben führen, machst du Dinge, die die meisten anderen nicht tun. Jetzt wird vielleicht klarer, was ich oben erzählt habe: Um solch ein Telefongespräch mit deinem künftigen Chef zu führen, musst du eine gereifte Persönlichkeit sein, und deswegen rate ich dir, Ferienjobs und Praktika zu machen, frühzeitig von zu Hause auszuziehen und zu lernen, erwachsen zu werden. Firmen stellen keine Kinder ein, sondern Persönlichkeiten. Werde eine Persönlichkeit!

Angestellter oder Unternehmer sein?

Wenn du Arbeitnehmer bist, hast du einen Chef, der dir sagt, was zu tun ist. Dafür bekommst du am Ende des Monats eine vereinbarte Menge Geld. Viele meinen, das sei die höchste Stufe der Sicherheit, die du haben kannst. Ist es aber nicht in dem Sinne, dass du hier eine Garantie hast, auch wenn es dem Arbeitsmarkt gerade gut geht. Doch Märkte wandeln sich, Unternehmen verändern sich und dementsprechend gibt es je nach Wirtschaftsbereich auch die ein oder andere Kündigung, etwa in der Finanzbranche oder im Journalismus.

Für Arbeitnehmer gibt es jetzt zwei Möglichkeiten, mit dieser Situation umzugehen:

Erste Stufe: Angestellter. Du hast feste Arbeitszeiten, kommst pünktlich, gehst pünktlich, und dein Chef sorgt für dich.

Zweite Stufe: Angestellter, der nebenberuflich Geld dazuverdient, also nebenberuflich selbstständig. Du kannst neben deinen acht Stunden Arbeit natürlich deine Freizeit genießen, die Zeit mit der Familie verbringen, Partys feiern, Sport treiben und so weiter. Du kannst die Zeit nach dem offiziellen Feierabend aber auch nutzen, um nebenbei zusätzliches Geld zu verdienen. Beispielsweise mit Network-Marketing oder Online-Marketing. Beim Network-Marketing empfiehlst du Produkte und Dienstleistungen. Du gehst also auf andere Menschen zu und empfiehlst das, was du selbst gut findest. Wenn du jemanden überzeugst und sie das Produkt anschließend kaufen, erhältst du eine Provision. Das ist Network-Marketing.

Beim Online-Marketing empfiehlst du im Internet über eine von dir erstellte und betriebene Seite Produkte, die du gut findest. Das können fremde Produkte sein, zum Beispiel meine Bücher oder meine Seminare. Wenn dann jemand diese Dinge über deinen von dir gesetzten Link (den Affiliate-Link) kauft, bekommst du vollautomatisch dafür eine Provision. Manchmal 6,50 Euro für ein Buch, manchmal 50 Prozent auf ein über deine Seite vermitteltes Ticket. Diese Sparte wird auch Affiliate-Marketing genannt. Oder du entwickelst eigene Produkte und verfügst gar über einen eigenen YouTube-Kanal. Dann kannst du neben deinem Job deine Produkte verkaufen und dafür Geld erhalten; etwa auch, wenn du ein Linkpartner von mir wirst, also bei www.dirkkreuter.de.

Also: In der zweiten Stufe bist du angestellt und genießt die relative Sicherheit des Angestelltendaseins, verdienst aber nebenher noch gutes Geld. Kommt man da nicht auf den Geschmack und möchte kurzerhand kündigen? Gewiss, doch solltest du so lange deine Angestelltenstelle halten, bis dein Nebenjob genauso viel Geld abwirft wie dein Hauptjob. Ab dann ergibt es Sinn, nur noch selbstständig zu sein – vorausgesetzt, dass du für dich geklärt hast, ob du das überhaupt sein möchtest. Nicht jeder ist für die Selbstständigkeit gemacht. Selbstständig heißt – du erinnerst dich – *selbst und ständig*. Du bist Einzelkämpfer, du musst dich um alles kümmern: Honorare und Verdienst, Steuern, Buchhaltung, Verkauf, Produktion, Marketing, Mitarbeiter finden, Mitarbeiter einstellen, Mitarbeiter führen und so weiter. Das musst dann alles du machen, es erledigt sich nicht von allein. Nicht jeder möchte das, und nicht jeder ist dafür geschaffen. Ich kenne viele Menschen, die besser nicht selbstständig wären und die glücklicher in einem guten Team wären, in irgendeinem Unternehmen. Ich bin daher sehr froh, dass meine Mitarbeiter in meinem Team arbeiten und nicht auf die Idee kommen, sich selbstständig zu machen.

Für alle anderen, die in der Selbstständigkeit aufgehen und sich da richtig wohlfühlen, sollte aber idealerweise die dritte Stufe gezündet werden, mindestens: Du bist selbstständig und lebst von dem, was du verkaufst – selbstständig und eigenverantwortlich.

Doch all dies ist noch zu toppen, wenn du magst und dich bereit dazu fühlst. Vierte Stufe: Du bist selbstständig und hast ein paar Mitarbeiter, aber nicht mehr als zehn. Du führst sie alle selbst, und meistens bist du derjenige, der die meiste Wertschöpfung, also den größten Umsatz, produziert.

Die nächste und ultimative fünfte Stufe wäre schließlich: Du bist Unternehmer. Unternehmer automatisieren ihr Geschäft, und sie skalieren es idealerweise (das heißt, sie wachsen und können Größenvorteile nutzen; also mehr Umsatz bei relativ gleichbleibendem Aufwand erzielen). Sie haben viele Mitarbeiter, und auch wenn sie mal ein paar Tage nicht selbst aktiv sind, verändert sich der Umsatz nicht ins Negative. Als Unternehmer hast du natürlich ganz andere Herausforderungen als als Selbstständiger – und im Prinzip bist du immer im

Dienst, musst also damit rechnen, permanent Feuerwehr spielen und Probleme lösen zu müssen.

Meine Geschichte dazu: Nach meiner Lehre wollte ich Triathlonprofi werden. Ich hatte einen Materialsponsor und einen Finanzsponsor. Doch nach drei Monaten hat der Finanzsponsor den Geldhahn abgedreht. Das lag nicht an mir, er hatte finanzielle Probleme. Jetzt brauchte ich einen Job, ich musste Geld verdienen. Der Kühlschrank war leer, und mit dem Triathlonsport hätte es mit Sicherheit noch ein, zwei Jahre gedauert, bis ich davon richtig hätte leben können. Doch zufällig hatte mein Materialsponsor eine Stelle im Außendienst frei. Norddeutschland und Berlin waren meine Gebiete. Hier sollten Sporthändler, Fahrradhändler und Warenhauskonzerne mit seinen Produkten versorgt werden.

Kurzerhand habe ich bei ihm als Angestellter angefangen. Für 2000 Mark netto (rund 1000 Euro) plus 3 Prozent Provision. Ich bekam einen Firmenwagen und alle Spesen wurden übernommen. Dabei ging es erneut nicht ums Geld, sondern darum, überhaupt Arbeit zu haben. Doch der Job wurde zu meiner Leidenschaft. Ich war unterwegs, konnte mit anderen Menschen kommunizieren, und ich habe Produkte verkauft, von denen ich restlos überzeugt war, dass sie das Beste waren, was es in diesem Bereich gab. Nach zwei Wochen wurde mein Angestelltenvertrag rückwirkend geändert, und zwar in einen freien Handelsvertretervertrag. Das heißt, ich wurde durch Zufall selbstständig. Ich habe den Wagen übernommen und bin während der ersten Monate von meinem Arbeitgeber finanziert worden. Alles, was er mir an Geld für meine Selbstständigkeit vorgeschossen hat, habe ich anschließend zurückgezahlt oder es wurde mit meinen Provisionen verrechnet. Ich war also auf Stufe eins, Angestellter, wenn auch nur für zwei

Wochen, und dann gleich auf Stufe drei: selbstständig, und das einige Jahre lang. Ich habe von zu Hause aus gearbeitet und natürlich im Außendienst.

Nach drei Jahren gründete ich mit zwei Freunden und Kollegen meine erste GmbH, einen Sportartikelgroßhandel. Das war mein erstes eigenes Unternehmen – wurde aber ein großer Reinfall, weil wir unerfahren waren. Wir hatten zwar ein – heute würde man sagen – Start-up, fühlten uns wichtig, und es war eine coole Zeit. Wir verfügten über ein großes Büro, und unsere erste Assistentin war die Freundin eines meiner Geschäftspartner. Doch leider haben wir nichts verkauft. Wir hatten kein schlüssiges Geschäftsmodell, sondern nur eine gute Zeit. Nach ein paar Monaten ist der Erste ausgestiegen, nach ein paar weiteren Monaten der Zweite – und ich habe irgendwann die Firma liquidiert. Das war meine erste Unternehmensgründung und mein erster Ausflug ins Unternehmertum. Damals hat es nicht gepasst. Ich war zu unerfahren, aber es war trotzdem kein Verlust. Denn ich habe viel gelernt.

Zwölf Jahre nachdem ich mich als Verkaufstrainer selbstständig gemacht hatte, kam die Stufe »selbstständig mit Mitarbeitern«. Zwischenzeitlich hatte ich es immer mal wieder probiert, eine Assistentin oder einen Außendienstmitarbeiter einzustellen. Es hat aber nicht funktioniert, weil ich es nur halbherzig gemacht habe und keine Ahnung hatte. Als meine Tochter Lia geboren wurde, war klar, dass ich nicht mehr von zu Hause aus arbeiten kann. Es geht einfach nicht, Geschäftspartner und Kunden anzurufen, und im Hintergrund schreit dein Baby. Das ist unprofessionell.

Also habe ich in einem Gründerzentrum, zwanzig Minuten mit dem Auto von meinem Wohnort entfernt, zwei Büroräume angemietet. Die Mieten waren günstig, und ich hätte mich jederzeit räumlich verkleinern oder vergrößern können, je nachdem, wie meine Firma wächst. Bald habe ich meinen ersten festangestellten Mitarbeiter und einen Praktikanten eingestellt. Jetzt waren wir schon zu dritt. Nun hatte ich höhere Kosten und musste nicht nur meine private Wohnung und mein schickes Auto bezahlen, sondern noch das externe Büro und zwei Mitarbeiter, die jeden Monat pünktlich ihr Geld haben wollten. Ich funktioniere gut unter Druck – und hier habe ich mir selbst den Druck gemacht. Von da an wurde ich deutlich erfolgreicher und die Umsätze verbesserten sich drastisch. Trotzdem drehte sich organisatorisch und finanziell alles um meine Person: Ich habe verkauft und auch noch selbst alles umgesetzt. Zu diesem Zeitpunkt war ich Verkaufstrainer und habe Seminare für große Unternehmen gegeben.

Irgendwann sagte der Praktikant: »Dirk, was du da machst als Trainer, das kann und will ich auch.« Ich habe ihn dann zum Trainer ausgebildet und habe gesehen, dass das als Geschäftsmodell funktioniert. Er hat ein Drittel der Provision bekommen, ich zwei Drittel. Daraufhin habe ich weitere Trainer ausgebildet und angestellt. In der Spitze hatte ich vier Trainer – und sie haben schließlich mehr Umsatz generiert als ich allein. Das war der Schritt vom selbst und ständig hin zu *selbstständig mit Mitarbeitern.*

Dieses Geschäftsmodell stieß aber 2015 an seine Grenzen, und zwar aus verschiedenen Gründen. Es konnte so, wie ich es machte, nicht problemlos skaliert werden. Ich konnte also keine nennenswerten Größenvorteile generieren, es gab keine besonders große Hebelwirkung. Daher habe ich vor vier Jahren das Geschäftsmodell noch einmal grundlegend geändert: Statt Seminare für Firmen gibt es jetzt nur noch Seminare als öffentliche Veranstaltung. Jeder kann sich sein Ticket kaufen und zu uns kommen. Ja, das Geschäftsmodell ist immer noch von mir abhängig, weil ich diese Seminare leite, aber es ist skalierbar geworden. Es spielt keine Rolle, wie viele Teilnehmer in so einem Seminar sind. Das größte Seminar, das ich bisher organisiert habe, war – wie gesagt – die Veranstaltung in der Dortmunder Westfalenhalle im Juni 2018 mit 7500 Teilnehmern. Damit haben wir einen Eintrag in das Guinness-Buch der Rekorde für das größte Verkaufstraining erzielt, der bis heute Bestand hat – und das sicherlich noch eine ganze Weile. Heute bin ich Unternehmer. Ich kann in Dubai sechs Flugstunden von meinem Büro in Bochum entfernt leben und nur für die Seminare nach Europa fliegen. Das Geschäft ist an vielen Stellen automatisiert und skalierbar. Jetzt hat es rund 60 Mitarbeiter.

Wenn du wirklich reich werden willst, musst du Unternehmer sein – oder eben werden. In Deutschland sind 95 Prozent der Millionäre Unternehmer, weltweit sind es 98 Prozent.

Was ist ein Millionär?

- Ein Millionär ist jemand, der versteuert, also netto, eine Million Euro Vermögen besitzt – seine etwaigen Schulden sind da schon abgezogen. In den seltensten Fällen hat er sein Vermögen als Bargeld auf dem Konto. Meist ist es gebunden und angelegt, etwa in Aktien, Fonds und fast immer in Immobilien. Aber in jedem Fall hat er eine Million versteuert.
- Es gibt dann noch den Einkommensmillionär. Das ist der, der jedes Jahr mindestens eine Million Euro netto, also voll versteuert, verdient. Davon gibt es nur sehr, sehr wenige, etwa Vorstandsvorsitzende von DAX-Konzernen und Leute, auf die ich gleich noch eingehen werde. Auf hundert Vermögensmillionäre kommen rund

zwei Einkommensmillionäre. Wenig, aber immerhin – und machbar.

- Der Dritte ist der Umsatzmillionär. Er macht als Selbstständiger oder Unternehmer mehr als eine Million Euro zu versteuerndes Einkommen pro Jahr.

Ich spreche also von denen, die ein Vermögen von netto einer Million haben, und von denen sind zwischen 95 und 98 Prozent Unternehmer. Wenn du wirklich reich werden willst und schnell reich werden willst, dann wird das als Angestellter schwer. Reichtum ist viel einfacher und schneller zu erzielen, wenn du Unternehmer wirst. Nicht einfach »nur« selbstständig sein, sondern Unternehmer mit einem skalierbaren Geschäftsmodell. Wie alt muss man dafür sein? Ab dem Moment, in dem du dein Gewerbe anmeldest, ab dem Moment bist du selbstständig. Ab dem Moment, wo du dein Gewerbe anmeldest und Mitarbeiter einstellst, die Einkommen produzieren, ab dem Moment bist du Unternehmer. Das geht also schon mit 18 Jahren. Funktioniert das immer sofort? Nein. In den USA gibt es eine Studie, der zufolge Unternehmer, die richtig durchstarten und erfolgreich sind, das erst mit ihrer vierten Firma schaffen. Es ist selten so, dass jemand eine Geschäftsidee hat und sie sofort zündet.

Aber ich habe schon gesagt: Das Gegenteil von Erfolg ist nicht Misserfolg, sondern Nichtstun. Es ist nicht schlimm, wenn du scheiterst. Schlimm ist, wenn du dann aufgibst. Aus diesem Grund ist die »Kultur des Scheiterns« in den USA viel stärker ausgeprägt, wie ich es oben schon im Unterkapitel *Think big!* beschrieben habe. Dort gilt

> Das Gegenteil von Erfolg ist nicht Misserfolg – sondern Nichtstun.

es als Nachweis von Erfahrung – was es tatsächlich ist –, wenn man schon ein-, zweimal pleitegegangen ist und schließlich daraus gelernt hat. So einer wird in keinem Fall schief angesehen, sondern als Macher im uramerikanischen Sinne, der es immer wieder versucht.

Julien Backhaus: »Ich bin dankbar für jeden Fehler, den ich gemacht habe«

Julien Backhaus ist ein deutscher Zeitschriftenverleger, Medienunternehmer und Buchautor. Von ihm stammen die Bestseller ERFOLG *und* EGO – Gewinner sind gute Egoisten. *Ihm wurden der Change Award und der Titel Man of the Year 2019 verliehen. In seinem Verlag erscheinen Titel wie* Erfolg Magazin *und* founders magazin. *Backhaus ist gern gesehener Gast in Presse, Funk und Fernsehen.*

1) Mal angenommen, Sie würden heute ihr 18-jähriges Ich treffen, welchen Rat würden Sie ihm geben?

Ich würde mir Bestätigung geben. Ich war immer neugierig und habe Chancen, die sich boten, stets genutzt. Denn bei jedem Schritt habe ich viel gelernt. Ich habe begonnen, viele Bücher zu lesen – darunter Ratgeber und Biografien. Damit war eine perfekte Symbiose geschaffen zwischen Theorie und Praxis. Abends habe ich gelesen und tagsüber das Wissen in die Tat umgesetzt. Und mit jedem Tag wurde ich selbstbewusster und erfolgreicher. Und ich habe das Verkaufen gelernt

– die wichtigste Fähigkeit als Unternehmer. Wer weiß, wie man ein Produkt oder eine Dienstleistung verkauft, wird immer das Heft in der Hand behalten. Wer gut verkaufen kann, hat weniger Existenzangst und damit weniger Angst vor dem Scheitern. In diesem Zuge würde ich meinem jüngeren Ich aber einen Tipp zur Verbesserung mitgeben: Sei dir schneller mehr wert. Denn ich habe dazu tendiert, meine Leistung weit unter Wert zu verkaufen, um möglichst viele Aufträge zu bekommen. Sicher war es schön, so viele Aufträge und zufriedene Kunden zu haben. Aber das Einkommen muss unbedingt mit dem Selbstwert wachsen. Ich habe gelernt, den Preis nicht aus meiner Perspektive zu betrachten, sondern aus der des Kunden. Welchen Wert wird meinem Kunden das Produkt bringen? Sofern der Wert hoch ist, rechtfertigt es auch einen angemessenen Preis, den es zu verlangen gilt. Ich sollte den Preis also mit dem Nutzen vergleichen. Dieter Bohlen hat mir verraten, dass er Geld aus derselben Warte betrachtet. Er stiftet einen großen Wert, zum Beispiel hohe Einschaltquoten, und verlangt dafür einen entsprechenden Gegenwert. Dieser Rat kann jedem jungen Menschen helfen.

2) Was würden Sie einem heute 18-Jährigen raten?
Du musst deinen eigenen Weg gehen, deiner eigenen Leidenschaft folgen. So oft fragen mich junge Leute, in welchen Trendbereich sie einsteigen sollen. Ich halte das für die falsche Herangehensweise. Ich habe mich mit 24 dazu entschieden, einen Zeitschriftenverlag zu gründen. Weil ich es liebe, nicht weil es ein Trend-

bereich wäre. Ganz im Gegenteil. Ich war der damals jüngste Verleger in Deutschland, und alle fragten sich, wie ich auf so ein Selbstmordkommando komme. Aber ich wollte das tun, was mich erfüllt – und das sind nun mal Zeitschriften und Medien im Allgemeinen. Natürlich habe ich auch innovative Strategien umgesetzt und bereue es keine Sekunde. Es ist wichtiger, seiner Leidenschaft zu folgen, als Trendbereichen hinterherzulaufen. Kein Geld aus einem Trendbereich kann eine Depression aufwiegen. Ich war einverstanden, am Anfang lieber weniger Geld zu verdienen, dafür aber etwas zu tun, was mich tief befriedigt. Heute hat es sich millionenfach ausgezahlt, und ich kann nur jedem raten, dasselbe zu tun.

3) Was würden Sie im Nachhinein als Ihren größten Fehler bezeichnen, den man vermeiden sollte?

Ich bin dankbar für jeden Fehler, den ich gemacht habe. Überhaupt werden Fehler oft mit einer negativen Note versehen. Aber erst unser Denken macht es dazu, denn nüchtern betrachtet ist ein Fehler ein Ergebnis. Und die größten Errungenschaften gingen aus »Fehlern« hervor. Wir müssen uns bewusst werden, dass uns jeder Fehler einen Schritt weiter zum Sieg führt. Das Gehirn lernt am besten und schnellsten durch Schmerz. Fehler tun weh und helfen uns daher. Auf eine heiße Herdplatte fasst man in der Regel nur einmal. Ich muss zugeben, dass ich nie große Fehler gemacht habe. Das liegt sicher auch daran, dass ich rund 1500 Bücher gelesen habe, in denen jeder erdenkliche Fehltritt beschrieben wurde. Ich glaube, weil ich über Jahre mein Unterbewusstsein damit gefüttert habe, bin ich in viele Fallen erst gar nicht hineingetappt.

4) Was hatte die größte positive Auswirkung auf Ihr Leben?
Ich habe mit 18 begonnen, jeden Tag in einer Biografie oder einem Sachbuch zu lesen – ohne Ausnahme. Ich wurde süchtig danach, die Geschichten und Erkenntnisse der erfolgreichsten Menschen der Welt zu entdecken. Es hat mich auf so viele Situationen vorbereitet, in denen ich kläglich gescheitert wäre, wenn ich nicht gewusst hätte, wie andere Menschen erfolgreich damit umgegangen sind. Das Leben stellt uns oft vor Probleme, mit denen wir noch nie konfrontiert wurden. Wenn wir dann instinktiv handeln, haben wir eine hohe Chance, dass wir falsch liegen. Wer aber die Geschichten der Menschen kennt, die bereits vor uns den Weg gegangen sind, kann viel besonnener reagieren. Daher hatte jedes einzelne Buch eine positive Auswirkung auf mich. Diese paar Minuten am Tag könnte ich gar nicht besser verbringen.

Reich werden als Angestellter

Kannst du trotzdem als Angestellter reich werden? Geht das oder musst du unbedingt Unternehmer sein oder selbstständig, um reich zu werden? Auf diese Frage gibt es eine Antwort – aber keine kurze. Vielmehr steige ich jetzt noch tiefer in das Thema ein.

Bei Instagram findest du immer diese Posts mit Zitaten wie: »Entweder du arbeitest für deinen Traum oder du arbeitest für den Traum eines anderen.« Dass du Angestellter bist und für einen anderen arbeitest, das wird runtergemacht – und ich hoffe, ich habe im bisherigen Verlauf herausgearbeitet, dass das grundfalsch ist. Gleichzeitig habe aber auch ich eine Lanze für das Unternehmertum gebrochen. Du entscheidest.

Das Image, »Ich bin jetzt Entrepreneur, ich bin Unternehmer«, das wird jedoch gerade total gehypt. Die Social-Media-Kanäle sind voll mit Bildern erfolgreicher Menschen, die von sich behaupten, Unternehmer zu sein. Teure Autos, schicke Uhren, schöne Villen, exotische Reiseziele. Bei Instagram, Facebook, YouTube, überall siehst du diese Selbstvermarktungsbilder. Ist das alles real? Unabhängig davon, dass viele Dinge davon gar nicht stimmen dürften – ist das wirklich der bessere Weg, und ist das der einzige Weg, reich zu werden? Das erkläre ich auf den folgenden Seiten. Bringen wir dazu noch mal die einzelnen Begriffe, die ich bereits in der vorherigen Passage beleuchtet habe, auf den Punkt:

1. Angestellter: Jemand anderes sagt dir, was du zu tun hast, und dafür bekommst du Geld. Du hast eine relativ hohe Sicherheit, und jemand anderes überlegt sich die Strategie, und du führst sie aus.
2. Angestellter, und im Nebenberuf bist du noch selbstständig: Im Nebenberuf machst du beispielsweise das erwähnte Affiliate-Marketing, Network-Marketing und so weiter. Auch gut.
3. Du bist selbstständig, das heißt selbst und ständig: Du bist eine One-Man-Show, du bist eine Ich-AG.
4. Du bist selbstständig mit wenigen Mitarbeitern: Du hast eine Assistentin und noch zwei, drei Leute in deinem Team. Aber du hast ein ganz kleines Team. Alles hängt an dir, und du hast Leute, die dich dabei unterstützen.

5. Dann haben wir den Unternehmer: Der Unternehmer ist nicht mehr der Einzige, der für die Wertschöpfung verantwortlich ist, sondern er hat ein System. Er verfügt über Mitarbeiter, die die eigentliche Wertschöpfung generieren.

Das heißt, wenn jemand auf Instagram in diesen Angeber-Postings schreibt: »Hey, ich bin Unternehmer«, dann stellt sich die Frage: Hat er Angestellte, und wie viele Angestellte hat er? Meistens sind das dann Leute, die eher selbstständig sind. Das ist der freie Finanzdienstleister, der sagt: »Ich bin Unternehmer.« Ist er nicht, weil er eine One-Man-Show ist. Oder er hat noch zwei Leute im Büro. Dann ist er selbstständig mit Mitarbeitern, aber immer noch kein Unternehmer.

Schauen wir uns die weiteren Begrifflichkeiten an. Was bedeutet es, reich zu sein? Und kannst du als Angestellter reich werden?

- Je nach Bundesland gilt man schon ab 42 000 Euro Jahreseinkommen (brutto, für Ledige) als reich.
- Mit knapp 56 000 Euro Jahreseinkommen (brutto, für Ledige) zahlst du schon den Spitzensteuersatz von 42 Prozent plus Solidaritätszuschlag. Natürlich nur für den darüber liegenden Betrag, aber trotzdem krass, wie früh man schon als Top-Verdiener gilt.
- Dann gibt es die Reichensteuer von 45 Prozent plus Soli, die greift bei rund 265 000 Euro Einkommen (brutto, für Ledige).
- Schließlich haben die meisten eine symbolische Zahl im Kopf, nämlich eine Million Euro. Eine Million Euro, die du hast – meist ist sie angelegt. Dann bist du reich, so

denken viele. Ist man mit einer Million reich? Ich würde sagen, nicht wirklich. Es ist noch viel Luft nach oben.

Nehmen wir mal die Million, damit wir einfach eine runde Zahl haben, und machen eine kleine Denksportaufgabe. Kannst du als Angestellter so viel Geld verdienen, dass du irgendwann den Punkt erreichst, eine Million auf der hohen Kante zu haben, und was musst du tun, um das hinzubekommen? Ich habe eine Statistik aus den USA gefunden, die besagt: »23 Prozent der amerikanischen Millionäre arbeiten für jemanden anderes.« Damit ist schon einmal die Frage beantwortet, ob ich als Angestellter reich werden kann. Eindeutig ja. Wenn du bestimmte Spielregeln beachtest, die ich gleich erkläre.

Denn nicht jeder ist für die Selbstständigkeit oder das Unternehmertum gemacht. Es gibt Menschen, die haben es nicht gelernt, sich selbst zu organisieren und für sich selbst und ihr Handeln die Verantwortung zu übernehmen. Die sind als Angestellte viel besser aufgehoben. Das heißt, sie würden es aufgrund ihrer Persönlichkeit nicht schaffen, als Selbstständiger erfolgreich zu werden.

Und dann macht die Selbstständigkeit auch nicht jedem Spaß. Ich habe eine gute Freundin, die seit über 20 Jahren selbstständig ist. Sie hat noch nie auch nur einen Mitarbeiter oder eine Mitarbeiterin gehabt. Sie ist das perfekte Beispiel für selbst und ständig mit seinen negativen Seiten. Ja, sie verdient Geld. Aber nach meinem Verständnis ist das viel zu wenig für das, was sie da macht. Sie würde als Angestellte, in einem Team, viel glücklicher sein, und ich wette, sie würde auch mehr Geld verdienen. Aber sie weiß ganz sicher, dass sie ihre Freiheit haben will und dass sie als Selbstständige besser unterwegs ist. Ich glaube, der Begriff Freiheit ist da relativ, wenn du in einem Team arbeitest, mit einem Chef, den du magst, den du akzeptierst, der gut ist, wenn du die richtigen Kollegen hast, in der richtigen Branche bist und du die richtige Aufgabe hast. Dann hast du da auch viel Freude und viel Freiheit und viel Selbstgefühl, zumal du als Selbstständiger nicht wirklich frei bist, sondern natürlich in allererster Linie von deinen Kunden, ihren Wünschen und schlichtweg ihren Aufträgen abhängig bist. Ich kenne Verkäufer, die haben sich als Handelsvertreter selbstständig gemacht. Sie haben das ein paar Jahre getan und sind wieder in das Angestelltenverhältnis zurückgekehrt. Sie hatten nämlich auf das ganze Drumherum keine Lust.

Der bekannteste Autoverkäufer der Welt war Joe Girard, ein Amerikaner, der 2019 verstorben ist. Joe Girard ist nie als Autoverkäufer selbstständig gewesen. Er war immer angestellt, hat im Schnitt sechs Autos pro Tag verkauft und damit Millionen gemacht. Denn er hatte keine Lust auf die Führung von Mitarbeitern, auf Personalakquisition, Buchhaltung, Steuern oder die rechtlichen Angelegenheiten. Er wollte Geld verdienen und Autos verkaufen. Deswegen war er gern angestellter Autoverkäufer, in einem richtigen Autohaus, bei der richtigen Marke, mit dem richtigen Chef. Als Top-Verkäufer hat auch er seine Erkenntnisse zu Papier gebracht. Es hat etliche Bücher geschrieben.

Nicht jeder ist also für Selbstständigkeit und Unternehmertum geschaffen – oder braucht dies, um reich zu werden. Viele sind besser in einem Unternehmen, in einem Team, aufgehoben und auch glücklicher. Ein Viertel der Millionäre in den USA ist angestellt und arbeitet für einen anderen. Wenn du dich selbstständig machst, musst du auch permanent um Aufträge kämpfen –

Nicht jeder ist für die Selbstständigkeit gemacht. Doch du kannst trotzdem reich werden.

verkaufen – und Entscheidungen treffen. Viele sind nicht in der Lage, Entscheidungen zu treffen, vor allem auch harte. Sie wollen Entscheidungen lieber aussitzen. Das funktioniert nicht. Wenn du reich werden willst, als Unternehmer oder Selbstständiger, musst du Entscheidungen treffen, damit es vorangeht. Du musst kreativ sein, vorausschauend denken, ein ganzes Unternehmen managen und dich auch mit der Steuer und den Behörden herumschlagen.

Der wichtigste Punkt: Warum werden die meisten, die angestellt sind, nicht reich? Ganz einfach, sie haben eine bestimmte Formel nicht verstanden: »Du darfst niemals Zeit gegen Geld tauschen.« Als Angestellter zu arbeiten, mit einem fixen Gehalt, wird dich nicht reich machen. Du musst dafür sorgen, dass du für deine Ergebnisse, für deine Leistungen bezahlt wirst. Das ist zentral. Du kannst natürlich einen festen Gehaltsbestandteil in deinem Vertrag vereinbaren, ein sogenanntes Fixum. Dann muss es zur Ergänzung und zum Anreiz einen variablen Teil geben. Diese Variablen sind an deine Resultate, die du erreichst, die du erzeugst, gekoppelt. Das geht normalerweise am besten im Vertrieb – und die meisten, die meine Videos sehen, Podcasts hören und Bücher lesen, interessieren sich für den Vertrieb.

Daher gehe ich gleich noch viel stärker auf das Thema Vertrieb ein, weil vor allem dort die Chancen liegen, als Angestellter Millionär zu werden – falls man nicht gerade Konzernchef ist. Wenn du dich nicht für Vertrieb interessierst, dann ist es vielleicht jetzt der Weckruf, dass du einmal darüber nachdenkst. Du wirst nicht reich als Angestellter, wenn du Zeit gegen Geld tauschst. Wenn du mit einem monatlichen Fixum nach Hause gehst, wirst du nicht reich. Selbst wenn du 100 000 Euro brutto jedes Jahr mit nach Hause nimmst, wirst du nicht wirklich reich, zumindest nicht davon. Das dauert zu lange. Du musst verdienen, du musst ein höheres Einkommen haben. Das funktioniert normalerweise nur dadurch, dass du eine Variable in deiner Vergütung drin hast – aufgrund der Ergebnisse, die du erzielst.

Die Falle »Zeit gegen Geld«

Das meiste, was ich in diesem Unterkapitel beschreibe, ist nicht für 18-Jährige gedacht. Es sind überwiegend Aspekte und Fragestellungen, die erst lange nach der Ausbildung oder dem Studium auf die Agenda kommen – durchaus erst ab 30. Dennoch möchte ich die Leitlinien hier skizzieren, weil sie grundsätzlich interessant und wichtig sind – und auch, damit du es weißt, bevor du 30 bist.

Zunächst machen wir ein paar Zahlenspiele. Der erste Punkt dreht sich um erfolgsorientiertes Denken – also nicht mehr der Angestelltenphilosophie »Zeit gegen Geld« zu folgen. Ich bin früher in die gleiche Falle gelaufen! Als Trainer habe ich immer gefeiert, dass ich so einen hohen Tagessatz hatte. Da habe ich in der Anfangszeit – in der ich vor allem Seminare für Firmen gegeben habe – einen Tagessatz von 3500 Euro aufgerufen, manchmal 5000 Euro. Heute sind die Tagessätze ganz woanders, aber ich habe das gefeiert, weil ich gedacht habe: »Andere müssen einen ganzen Monat arbeiten gehen für das, was ich an einem Tag bekomme. Andere müssen ein ganzes Quartal arbeiten, um das zu erhalten, was ich in einer Woche mache. Wow!« Aber reich wirst du so nicht. Also habe ich Stück für Stück auf eine erfolgsorientierte Honorierung für mich umgestellt. Ich habe dem

Kunden gesagt: »Herr X, wir machen eine Trainingsmaßnahme für Ihren Vertrieb, und ich begleite Sie ein ganzes Jahr lang. Und nach jeder Trainingsmaßnahme, nach jedem Coaching-Projekt, bezahlen Sie 50 Prozent meines Honorars. Die anderen 50 Prozent sind gekoppelt an die Ergebnisse; das heißt, wenn wir die Ziele erreichen, erhalte ich die anderen 50 Prozent. Wenn wir die Ziele überbieten, und beispielsweise das Doppelte des Ziels erreichen, bekomme ich auch das doppelte Honorar.« Ich habe auf diese Weise ein Erfolgshonorar vereinbart und dann viel mehr bekommen als meinen normalen Tagessatz, wenn das Projekt richtig gut gelaufen ist.

Obwohl sich dieses Unterkapitel um Angestellte dreht, ist das auch ein Tipp für alle Selbstständigen. Arbeite mehr erfolgsorientiert, das geht in den meisten Branchen. Finde und definiere Kriterien, woran man Erfolge messen kann und koppele dein Einkommen genau an diese Kriterien. Dieses Einkommen auf Erfolgsbasis muss natürlich höher ausfallen als das, was du jetzt bei 100 Prozent erhältst; es geht ja darum, dein Einkommen zu steigern. Freust du dich über 10 000 Euro, die du fix im Monat verdienst? Toll, das ist eine Menge Geld. Doch du wirst damit nicht reich. Tausch nicht Zeit gegen Geld. Willst du reich werden, brauchst du andere Faktoren.

Hierzu eine kleine Anekdote, sie ist schon 15 Jahre her: Da habe ich ein Training in einem mittelständischen Unternehmen durchgeführt, und der Geschäftsführer der Niederlassung sagt mir morgens, bevor es losgeht: »Herr Kreuter, wundern Sie sich nicht. Es sitzen nachher drei Außendienstler in der Runde, die mehr Geld verdienen als ich.« Wow. Da habe ich nachgefragt: »Wie viel bekommen die denn?«

»Ich erhalte 180 000 Euro im Jahr, und die drei verdienen mehr – und das ist gut so.«

Du musst erst einmal einen Chef finden, der verstanden hat, dass es gut ist, wenn Verkäufer mehr verdienen als der Geschäftsführer – und obendrein darauf auch noch stolz ist. Menschen, die solch ein *Mindset* haben, sind sehr selten. Ich sage meinen Mitarbeitern immer: »Ihr könnt so viel Geld verdienen, wie ihr wollt. Ihr dürft mich nur nichts kosten.« Wenn ein Verkäufer in meinem Team an einem Wochenende 10 000 Euro oder 15 000 Euro Prämie macht, nehme ich ihn in den Arm, bin mega stolz auf ihn und sage: »Beim nächsten Mal legst du noch mal 10 000 drauf, oder?«

»Jo, mache ich.«

Das funktioniert. Denn wenn das System passt und er viel Geld verdient, verdiene ich als Unternehmer auch viel Geld. Du musst einen Chef finden, der das verstanden hat. Du darfst beim Verkauf keine Einkommensgrenzen haben.

Für dich als Person um die 18 sind diese Hinweise erst einmal ausreichend. In meinen Verkaufsseminaren und Videos, die sich an Leute im Berufsleben wenden, betreibe ich allerdings regelrechte Millionärsmathematik. Dort rechne ich vor, wie es möglich ist, selbst als angestellter Verkäufer eine Million Euro pro Jahr zu erzielen. Das ist keine Hexerei, sondern eine einfache Rechenaufgabe plus außerordentlichem Fleiß, hoher Disziplin und anderen Faktoren. Für dich jedoch stehen erst einmal andere Weichenstellungen an. Wenn es dich jetzt schon interessiert, findest du auf meinen Seiten dazu mehr, wobei dies hier die Kernbotschaften sind:

1. Tausche nicht Zeit gegen Geld. Schau, dass du erfolgsorientiert bezahlt wirst.

2. Finde einen Arbeitgeber, der dir unbegrenzte Provisionen gibt – wenn du sie entsprechend erarbeitest. Leider ist es schwierig, so einen zu entdecken.
3. Rechne dir aus – bevor du bei diesem Arbeitgeber anfängst –, wie viel Geld du dort verdienen könntest und was du dafür tun müsstest.
4. Triff eine Entscheidung. Mein erfolgreichstes Buch heißt *Entscheidung: Erfolg*, und der Titel ist Programm. Wenn du erfolgreich sein willst, wenn du reich werden willst, musst du erst mal eine Entscheidung treffen; nämlich die Entscheidung, dass das jetzt deine Priorität ist. Du willst jetzt keinen Ironman auf Hawaii machen, du willst jetzt nicht dein Golfhandicap optimieren. Du hast auch nicht gerade zwei kleine Kinder in der Familie, sondern du willst Gas geben. Dann geht das. Du musst die Kontrolle über dein Einkommen haben, niemand anderes.

Die Regel: »Sein, Tun, Haben« – in dieser Reihenfolge

Vorausgesetzt, du bist hungrig und hast Biss, ist es reine Mathematik: Finde einen Job, in dem du nicht Zeit gegen Geld tauschst, sondern wo du für deine Resultate bezahlt wirst, wo das Einkommen unlimitiert ist und wo du eigenverantwortlich dein Einkommen bestimmen kannst. Mache (später) die Zahlenspiele und rechne dir aus, was du verkaufen müsstest, um das zu erhalten. Dann stellt sich die Frage: Ist das realistisch, ist das machbar? Um sich der Antwort zu nähern, heißt die Reihenfolge: »Sein, Tun, Haben.« Das ist die Reihenfolge und die Formel für den Erfolg. Zuerst musst du jemand »im Kopf« sein! (Siehe Unterkapitel »*Ziele visualisieren*«). Du musst im Kopf schon Millionär sein! Dann musst du die richtigen Dinge *tun*, und dann wirst du sie *haben*.

Sich zuerst als Angestellter etablieren

Woran viele scheitern, ist die Ungeduld. Daher sage ich auch, dass 18-Jährige und Leute am Anfang ihres Berufslebens sich erst einmal anderen Aufgaben zuwenden, viel lernen und sich vor allem zunächst etablieren sollten. Dazu gehören vor allem auch Fähigkeiten, Know-how und eben Erfahrung. Das sehe ich immer wieder, auch bei mir im Team. Ich habe Verkäufer, die kommen als Quereinsteiger oder als Verkäufer aus anderen Bereichen. Jemand startet bei mir, und ihm kann es nicht schnell genug gehen. In so einem Fall scheitert es oft gar nicht an mir, wenn ich ihm beispielsweise kündige und sage: »Du bringst deine Zahlen nicht, und ich sehe keine Entwicklung bei dir. Geh mal.« Das ist gar nicht der Punkt. Die meisten verlassen mich von sich aus, weil es ihnen nicht schnell genug geht – und jetzt wird es spannend: Die Verkäufer, die bei mir sechsstellige Summen im Jahr mit nach Hause nehmen, sind schon mehr als ein Jahr dabei. Das heißt nicht, dass du automatisch sechsstellig nach Hause gehst, wenn du ein Jahr dabei bist. Aber es heißt, dass die Grundvoraussetzung für den entsprechenden Erfolg in meinem Team erst einmal ist, dass du so gut bist und du ein Jahr da bist. In diesem Jahr lernst du unheimlich viel – und ab dann bist du in der Lage, das zu tun. Erst sein, dann tun, und dann hast du.

Ich erlebe es so unfassbar oft, dass Menschen zu früh aufgeben, nicht nur Verkäufer. Wir haben eine Tochtergesellschaft, die My Best Concept heißt und Online-Marketing macht. In dieser Firma habe ich auch so viele kommen und gehen sehen. Die Leute haben dort gelernt, wie man Online-Marketing macht und sind daraufhin vier, fünf, sechs Monate dageblieben – und anschließend wieder gegangen, um sich selbstständig zu machen. Jeder von denen ist heute in der Bedeutungslosigkeit verschwunden. Jeder von denen lebt heute von der Hand in den Mund. Und genau da liegt die große Gefahr, dass du dir nämlich sagst: »Okay, jetzt weiß ich, wie es geht. Nun mache ich mich selbstständig.« Momentan sprießen viele Online-Marketing-Agenturen wie Pilze aus dem Boden, weil da ein großer Markt ist. Aber wie viele von denen, die dort arbeiten, verdienen wirklich Geld? Noch mal: Viele sind im Angestelltenverhältnis besser aufgehoben, werden glücklicher sein, ein schöneres Leben haben und unter dem Strich auch mehr Geld verdienen – wenn die Voraussetzungen stimmen.

Ich bekomme auf Instagram oft Fragen von ganz jungen Menschen, die teilweise erst in der neunten Klasse sind, etwa: »Hey Dirk, was soll ich machen, ich will später selbstständig sein?«

Ich frage dann: »Warum willst du selbstständig sein?«

»Ich will finanziell unabhängig sein«, heißt es dann.

»Das kannst du machen. Aber es ergibt deutlich mehr Sinn, gerade am Anfang, erst mal in das Angestelltenverhältnis zu gehen«, um

- dort unheimlich viel zu lernen,
- deine Persönlichkeit weiterzuentwickeln,
- die richtigen Bücher zu lesen,

- die richtigen Seminare zu besuchen,
- sich das richtige Umfeld zu schaffen.

Dann kannst du dir, nach etwa drei bis fünf Jahren, überlegen, ob du dich mit dem richtigen Geschäftsmodell selbstständig machst oder ob du eher in einer Firma richtig aufgehoben bist und dort gutes Geld verdienst. Es ist ein Denkfehler zu sagen, du kannst nur Millionär werden, wenn du selbstständig bist. Wie gesagt, 23 Prozent der Amerikaner, die Millionäre sind, arbeiten schließlich für andere. Bitte vermeide den Fehler, zu früh zu glauben, dass du es kannst. Die meisten wissen das. Doch gerade jene, die es wirklich wollen, überschätzen sich – anstatt sich eben erst einmal unter dem schützenden Dach von erfahreneren Leuten zu etablieren.

Etabliere dich erst einmal – und nutze die Position dann als Sprungbrett.

Mehrgleisig fahren

Ein weiterer Faktor ist: Ich empfehle dir mehrere Einkommensströme. Natürlich wird auch dieser Punkt erst zu einem späteren Zeitpunkt relevant. Aber du solltest dich beizeiten darauf einstellen und vorbereitet sein, wenn sich dir diese Möglichkeiten eröffnen. Was heißt »mehrere Einkommensströme«? Das bedeutet nicht, dass du in fünf verschiedenen Network-Marketing-Firmen unterwegs bist, das wird nicht funktionieren. Habe einen Kernjob, fokussiere dich auf diesen, aber schau, dass du dir möglicherweise noch andere Einkommensquellen erschließt. Beispielsweise verwendest du das

Geld, das du verdienst und nimmst zusätzlich noch ein Darlehen bei der Bank auf, investierst es in Immobilien und hast dann Mieteinnahmen. Oder du steckst das Geld in ein Aktienportfolio, das du selbst managst, mit dem du dich auch wirklich regelmäßig beschäftigst, und erzielst damit entsprechende Renditen. Lass das Geld auf keinen Fall einfach so daliegen. Geld langweilt sich ganz schnell und will weg – und das wird dann oft für den Konsum ausgegeben. Du wirst nur dadurch Millionär, indem du viel einnimmst und wenig ausgibst. Sonst bist du Einkommensmillionär, aber nicht Vermögensmillionär. Denn das Geld, das du reinbekommst, gibst du immer für irgendwelche Sachen aus, die keine Rendite einspielen. Ein Sportwagen ist keine Rendite, eine Rolex auch nicht, das ist Konsum und Luxus. Über mehrere Einkommensströme zu verfügen – das kann Network-Marketing und Affiliate-Marketing als Basis sein und zusätzlich jeder andere Job. Und neben der Haupteinnahmequelle schaust du dann, dass da noch ein bisschen was dazu kommt.

Ein Kellner fragte mich einmal um Rat: Er machte 60 000 bis 70 000 Euro inklusive Trinkgeld pro Jahr und hatte das Gefühl, dass er sich nicht mehr steigern kann. Er sah sich auf einem Level, von dem aus es nicht mehr weiterging, wollte aber mehr verdienen. Was sollte er machen?

Meine Empfehlung lautet: Als Kellner wirst du es nicht hinbekommen. Du wirst gut leben, aber du wirst es nicht schaffen. Geh da raus. Es ist die Empfehlung, die ich für die meisten habe, die dieses Buch lesen: Suche dir einen Job im Vertrieb, wo du für deine Resultate bezahlt wirst, wo du unlimitiertes Einkommen hast und wo du in ein, zwei oder drei Jahren rein rechnerisch eine Million verdienen kannst. Länger würde ich nicht planen. Aber zwischen einem Jahr und drei Jahren eine

Million brutto zu machen, das ist realistisch. Wenn du ins Ausland gehst und das Ganze dort machst, wo es andere Steuersätze gibt, sodass die Million bald auch netto ist – umso besser, da geht es sogar schneller. Wenn du in die Schweiz gehst, hast du viel geringere Abzüge als bei uns, und es bleibt mehr übrig. Es gibt auch Steuersparmodelle in Deutschland, die völlig legal sind und mit denen du es auch schaffst, deine Steuerlast sehr weit zu drücken.

Kann man als Angestellter reich werden? Ja, wenn du die Dinge beachtest, die ich ausgeführt habe – und gern kannst du dich auch bei mir bewerben. Ich würde mich drüber freuen.

Unternehmer sein – wie findest du dein Geschäftsmodell?

Ständig bekomme ich Fragen, nach dem Motto: »Dirk, ich möchte schnell reich werden. Dirk, ich will auch so viel Geld haben wie du. Dirk, ich will auch so leben wie du. Ich weiß nur nicht, womit ich das machen soll.« Hey, aber genau das ist die wichtigste Frage: Was ist dein Geschäftsmodell, womit willst du es machen? Da gibt es Tausende von Möglichkeiten, das zu tun – und es ist natürlich die ureigene Aufgabe eines Unternehmers, dies herauszuarbeiten. Woher soll ich wissen, wer du bist, was du kannst, was du für Neigungen hast und dir dann sagen, nimm dieses oder jenes Geschäftsmodell. Ich kann dir sagen, was ich machen würde, aber das heißt nicht, dass es für dich auch passt. Wenn du reich werden willst, finanziell unabhängig werden willst, wenn du dir von keinem Chef sagen lassen willst, was du zu tun hast, wenn du Luxusprodukte liebst, wenn du dir eine eigene Meinung leisten möchtest, dann musst du in der Regel Unternehmer werden. Wie gesagt, auch als Angestellter ist dies möglich – je nach Vorlieben und Veranlagung –, aber es ist schwieriger und seltener; in Deutschland noch seltener als in den USA. Als Angestellter musst du dir immer überlegen, was du sagst und was du nicht sagst, und wenn deine Meinung irgendwann nicht mehr mit der deines Arbeitgebers übereinstimmt, wird er sich mit großer Wahrscheinlichkeit von dir trennen. Dazu kommt, dass in Deutschland noch eine Neidgesellschaft herrscht und dass die meisten Chefs nicht damit zurechtkommen, dass ihre Angestellten mehr verdienen als sie selbst oder ein höheres Vermögen haben oder einen schöneren Lebensstil. Wenn das für dich dein Ziel ist – im Sinne von »vom Ende her gedacht« –, dann hast du keine Alternative, dann werde Unternehmer. Fange also schon in der Schule an zu schauen: Welche Geschäftsmodelle gibt es? Womit könntest du Geld verdienen? Was könntest du multiplizieren?

Fehler im System: vom passiven Bürger zum aktiven Verkäufer

Du willst wissen, wie du einen Job bekommst, wie du den besten Job erhalten kannst, den du haben willst? Du bist unzufrieden mit deinem aktuellen Arbeitgeber, du bewirbst dich ständig, aber bekommst nur Absagen. Woran liegt das? Da ist ein Fehler im System, wie ich es zu Beginn des Kapitels bereits gesagt habe.

Ich kann das einfach nicht mehr hören, dass sich Menschen auf Jobs bewerben und nur Absagen bekommen. Darin liegt ein großer Denkfehler. Kein erfolgreicher Verkäufer bewirbt sich um einen Auftrag, ein Verkäufer holt sich den Auftrag. Es gibt zwei Arten von Menschen: Es gibt die Menschen, die rausgehen und sich holen, was sie wollen – und es gibt die anderen. Das gilt für den Vertrieb und genauso dafür, dass du den richtigen Job bekommst. Ich habe zwei Fragen bekommen, die immer aktuell sind:

Die eine Frage ist von Michael; er sagt, dass er sich im Kommunikationsbereich bewerben möchte: »Hast du zufällig ein paar Tipps für das Anschreiben oder kennst du eine gute Website mit Tipps dafür?«

Zwei Fehler sind in seiner Frage enthalten, die löse ich gleich auf.

Die zweite Frage ist auch von Michael, aber von einem anderen. Er war bei der Vertriebsoffensive in Basel dabei, die ihm gefallen hat, und er möchte gerne etwas auf diesem Gebiet machen. Ich habe gesagt, dass es für den Vertrieb keine Zugangsvoraussetzungen gibt. Der Vertrieb ist das letzte berufliche Abenteuer. Es gibt keine Qualifizierungsnormen und keine Zugangsvoraussetzungen. Jeder kann sich auf alles bewerben und überall als Verkäufer erfolgreich werden – wenn er weiß, wie Verkaufen geht. Michael (der zweite) sagt ja, aber auch nein. Er sagt, er war über zehn Jahre unterwegs im technischen Support, im technischen Vertrieb – international. Er hat mit Vertrieblern auf der ganzen Welt gearbeitet, das bedeutet Verkaufen unter allen Bedingungen: international, im Mittelstand, bei Behörden, der Unternehmensberatung KPMG, Boeing, United Nations, Walt Disney. Nebenher hat er noch ein Studium zum Handelsfachwirt gemacht, bewirbt sich jetzt auf Vertriebspositionen und bekommt nur Absagen, nach dem Motto: »Leider passt Ihr Profil nicht zu den Anforderungen.«

So, lieber Michael und lieber Michael, da ist ein Fehler im System. Wie die allermeisten von uns habt ihr in der Schule gelernt – bei mir war es in der neunten Klasse –, wie ihr einen Lebenslauf textet, wie ihr ein Bewerbungsschreiben verfasst, also wie ihr euch bei Firmen bewerbt.

Aber man bewirbt sich nicht einfach ungefragt, sondern du schaust vorher, welche Firmen Jobs anbieten, welche Firmen einen Ausbildungsplatz anbieten, und dann schickst du ihnen deine Bewerbung. Wenn du Glück hast, wirst du zum Vorstellungsgespräch eingeladen, und wenn du dann noch mal Glück hast, bekommst du diesen Job. So haben es dir deine Lehrer beigebracht und meine Lehrer auch. Ich habe nichts gegen Lehrer. Das ist ein wichtiger Beruf. Lehrer tun so viel Gutes für unsere Kinder; aber ein Lehrer hat, bei aller Liebe, keine Ahnung vom Arbeitsmarkt und wie man an einen Job in der freien Wirtschaft rankommt. Er hat sich schließlich gerade für das Gegenteil entschieden, in der Regel ist er Beamter. Ein Lehrer hat ein Studium absolviert und hat sich anschließend einen Job an einer Schule gesucht, aber er hat keine Ahnung davon, wie die Wirtschaft funktioniert, bei allem Respekt. Das, was dort in der Schule gelehrt wird, führt dazu, dass du eine Art Systemsklave wirst. Dass du nämlich ausgebildet wirst mit dem Gedanken, dass du gute Noten in der Schule hast, dann eine gute Ausbildung machst und schließlich idealerweise in einem großen Unternehmen anfängst – und dort bis zur Rente arbeitest. Was soll das? Das ist völliger Unsinn.

Mein Schulabschlusszeugnis und mein Lebenslauf zeigen, dass das nicht stimmt. Ein Top-Zeugnis, eine solide Ausbildung oder ein gelungenes Studium sind großartig. Aber sie bilden nicht die alleinige Grundvoraussetzung dafür, dass du im Leben erfolgreich bist. Ich verdiene heute Millionen damit, dass ich kein Studium habe – und mein Abschlusszeugnis ist eine Katastrophe, was wiederum auch nicht als Vorbild dienen soll. Jetzt kannst du sagen: »Ja, da hast du halt Glück gehabt.« Nein, da ist nichts mit Glück, das war harte Arbeit. Ich gehöre zu den Menschen, die rausgehen und sich holen, was sie gerne hätten – und du solltest da auch zugehören. Hör auf, dich zu bewerben – vor allem auf Jobs, die ausgeschrieben sind. Das macht kein Verkäufer, und du bist in dem Moment, wo du einen Job suchst, ein Verkäufer. Du verkaufst dich und deine Dienstleistung an einen Arbeitgeber. Sich also auf eine Position, die ausgeschrieben ist, zu bewerben, ist bereits der erste Fehler. Das wäre so, als würde sich ein Verkäufer an einer langen Schlange von anderen Verkäufern hinten anstellen, um dann, wenn er vorne ist, sein Angebot abzugeben. Meistens kommt er gar nicht bis nach vorne, weil schon ein anderer vorher den Job erhalten hat – obwohl unser Verkäufer vielleicht ein besseres Angebot hat und besser qualifiziert ist. Es bekommt nicht der den Job, der die bessere Qualifizierung hat, das ist Unsinn. Es bekommt nicht der den Job, der bessere Zeugnisse hat, der einen besseren Lebenslauf hat. Es bekommt *der* den Job, der ihn sich einfach holt. Daher:

Stelle dich nicht mit allen anderen in einer langen Schlange an. Hole dir, was du möchtest.

1. Frage dich, was du besonders gut kannst. Was sind die Vorteile deines »Produktes«, deiner Dienstleistung, also deiner Person?
2. Lerne, die Antwort darauf zu kommunizieren. Lerne zu verkaufen.

3. Überlege dir, wo du gern arbeiten möchtest. In welchem Unternehmen, in welcher Branche, in welcher Position?
4. Welche Unternehmen passen zu dir, und welche bieten diese Positionen an? Ob diese Positionen gerade frei sind oder nicht, spielt keine Rolle. Die allermeisten Jobs werden nie ausgeschrieben. Das, was du draußen findest, in Zeitungen, in Stellenbörsen, das ist die Spitze des Eisbergs. Es werden gerade mal 10 Prozent der offenen Positionen ausgeschrieben, von den restlichen 90 Prozent erfährst du nie etwas. Hör daher auf, dich auf Stellen, die ausgeschrieben sind, zu bewerben. Frage dich hingegen: Welche sind die Unternehmen, bei denen du gern arbeiten möchtest?
5. Rufe dort an! Mache Telefonakquise, und zwar für dich, für dein Produkt – nämlich deine Arbeitsleistung. Überlege dir, wer der richtige Ansprechpartner ist, und dann rufst du dort an. Mache dir vorher einen Gesprächsleitfaden, was du sagen und fragen willst – und jetzt rufe diese Person an.

Wie oben erwähnt, ist die Personalabteilung nicht deine erste Anlaufstelle. Die Personalabteilung ist nur der interne Dienstleister für den Fachbereich. Ob Buchhaltung, IT, Logistik oder Vertrieb – die Personalabteilung schaltet nur die Stellenanzeigen, sammelt Bewerbungen, filtert die Bewerber nach bestimmten Kriterien und lädt zum Vorstellungsgespräch ein. Die Entscheidung, ob du den Job erhältst oder nicht, die trifft der verantwortliche Chef der Fachabteilung. Aus diesem Grund musst du bei deiner Recherche auch in der Fachabteilung anrufen.

Eine Regel aus dem Vertrieb lautet: Du musst die Treppe von oben kehren. Fange also mit deinem Anruf so weit oben wie möglich an. Wenn du nicht weißt, wer der Entscheider in der Fachabteilung ist, rufe den Geschäftsführer an, direkt im Vorstandsbereich. Sag, du willst für dieses Unternehmen im Bereich XY arbeiten. Sei mutig, ein bisschen frech, offensiv und verkaufe dich am Telefon. Wenn dir die Leute sagen: »Ja, Sie müssen den regulären Weg einhalten. Sie müssen eine Bewerbung schicken, und dann hören Sie von uns ...«, dann halte dich nicht an die Regeln! Wer hat gesagt, dass das die Regeln sind? Hör auf, nach diesen Regeln zu spielen. Die, die rausgehen und sich holen, was sie wollen, spielen nicht nach den Regeln. Sie finden andere Wege.

Ich bringe Verkäufern bei, wie sie gegen die Regeln spielen. Jeder Markt, jede Branche hat bestimmte Gepflogenheiten. Aber halte dich nicht daran. Wenn du dich daran hältst, bist du auf einem Niveau mit allen Wettbewerbern. Du darfst aber gar nicht erst in diesen Teich reinfallen, in dem alle drin schwimmen. Du musst dich in einem ganz anderen Teich bewegen. Hör auf, dich zu bewerben, rufe an, mache dein Gegenüber neugierig und sorge dafür, dass du einen Termin mit einem Entscheider vereinbarst – und deine Bewerbungsunterlagen, die bringst du erst zum Termin mit. Aus dem Verkauf kennen manche vielleicht meine Sprüche, wenn einer hierauf erwidert: »Ja, Herr Kreuter, das klingt ja gut. Doch mir wird stets gesagt: ‚Schicken Sie doch mal Ihre Bewerbung an Info@, Bewerbung@, und wir melden uns bei Bedarf.« So funktioniert das aber nicht. Vielmehr antwortest du: »Sehr gern, die Bewerbungsunterlagen, die ich normalerweise verschicke, sind 1,83 Meter groß, haben kurze Haare, blaue Augen, und sie wissen auf jede Ihrer Fragen eine individuelle Antwort. Sie wählen einen Top-Kandidaten doch nicht danach aus, was auf dem Papier steht. Sie haben einen ersten Eindruck jetzt am Telefon, und die Frage lautet nun, wann wollen wir uns einmal zusammensetzen? Passt es bei Ihnen grundsätzlich eher vormittags oder lieber nachmittags?« Das ist frech und forsch, aber du bist im Abschluss drin.

Hör auf, deinen kompletten Lebenslauf und alle deine Vorteile am Telefon zu erklären. Vereinbare einen Termin, und dann gehst du dahin und holst dir den Job. Und all jene, die jetzt sagen: »Ja, aber das funktioniert in meiner Branche nicht«, frage ich: »Wie oft hast du es schon probiert?«

»Ja, das geht nicht, die erreicht man nicht.«

»Wie oft hast du es schon gemacht?«

Alle die, die schon resigniert haben und sagen: »So funktioniert das nicht, ich habe schon 100-mal wo angerufen«, die frage ich: »Hast du beim Richtigen angerufen? Hast du dich richtig vorbereitet? Hattest du den richtigen Text? Bist du dann direkt in den Abschluss gegangen?« Wenn du es nicht mindestens 30-mal gemacht hast, erzähl mir nicht, dass es nicht geht.

Das ist eine der wichtigsten Botschaften dieses Buchs: Wenn du unzufrieden bist in deinem Job (oder es später einmal werden solltest), dann weißt du jetzt, wie du den Job findest, der dich glücklich macht. Diese Botschaft ist genauso bedeutsam, wenn du gerade keinen Job hast und du arbeiten möchtest – du aber nicht nur arbeiten willst, um Geld zu verdienen, sondern weil es deine Leidenschaft ist. Es ist eine extrem wichtige Botschaft, wenn du überlegst: »Welchen Text schreibe ich?« Du schreibst gar keinen Text, schon gar nicht als begehrter IT-Experte. Du rufst an und hast vorher auf den Webseiten der Unternehmen nachgeschaut, für die du dich interessierst. Du musst nicht bei Monster, Stepstone und Co. gucken, sondern direkt bei den Firmen. »Initiativbewerbungen« sind das, aber in diesem Fall telefonisch, mit dem Ziel, einen Termin zu vereinbaren. Im Vorstellungsgespräch musst du natürlich liefern, was du durch deinen selbstbewussten Auftritt am Telefon versprochen hast. Das lässt sich eins zu eins übertragen auf das, was ich Top-Verkäufern beibringe. Es ist der gleiche Prozess, der gleiche Ablauf und der gleiche Wortlaut, wie das, was du brauchst, wenn du einen Top-Job haben willst.

Ich bin zutiefst davon überzeugt, dass die meisten Menschen Systemsklaven sind. Ihnen wurde nie richtig erklärt, dass die meisten in einer Opferrolle sind und dass die meisten nicht zu jenen gehören, die rausgehen und sich das holen, was sie haben wollen. In dem Sinne wünsche ich dir auch beruflich fette Beute. Gerade was diesen Punkt betrifft, freue ich mich über ein Feedback, und ich gehe gern auf einem meiner Social-Media-Kanäle darauf ein.

Lass uns über Geld sprechen

Hast du den Film *Titanic* gesehen? Es ist einer der erfolgreichsten Spielfilme der Filmgeschichte. Hast du gesehen, wie dort die Reichen dargestellt werden? Sie werden als Egoisten dargestellt, als rücksichtslos. Sie wollen unbedingt ins letzte Rettungsboot kommen und drücken Frauen und Kinder zur Seite. Wie in den Szenen vor der Katastrophe gezeigt wurde, haben sie zwar viel Geld, reisen in der ersten Klasse, sind aber nicht glücklich. Als Gegensatz werden die Angehörigen der dritten Klasse dargestellt. Die haben alle kein Geld, aber sie sind begeistert und feiern eine große Party. Sie sind glücklich.

Solche Bilder prägen unsere Glaubenssätze, unser Unterbewusstsein. Das, was wir bewusst wahrnehmen, um es mal vergleichen zu können, ist eine Strecke von etwa 1,5 Zentimetern. Das ist unser Bewusstsein. Im Vergleich dazu ist unser Unterbewusstsein um ein Vielfaches größer. Es entspräche einer Strecke von elf Kilometern. Die meisten Dinge im Leben bekommen wir also gar nicht bewusst mit.

Dieser Hollywoodfilm sorgt – ebenso wie Millionen andere Darstellungsformen und Veröffentlichungen – dafür, dass wir bewerten. Und wir kommen zu dem Schluss, Reiche sind Schweine, und wir sagen: »Lieber bin ich arm, aber dafür habe ich viel Spaß, bin glücklich und finde die Liebe meines Lebens.« Das wird durch diesen Film, unterbewusst, in uns eingepflanzt, und so etwas erlebst du dein ganzes Leben lang. Du wirst von deinen Eltern, deinen Geschwistern, Nachbarn, Freunden und Großeltern geprägt, von Büchern, die du liest, Filmen, die du siehst, Nachrichten, die du hörst, von Partygesprächen.

Wie spricht deine Familie über Geld? Früher hat man gesagt, über Geld spricht man nicht. Das hat sich mittlerweile geändert, zumindest in meinem Umfeld. Nicht jeder legt offen, wie viel Geld er verdient und wie viel Geld er wirklich hat. Aber es wird schon deutlich lockerer darüber gesprochen. Das Spannende ist: Das tun nur die, die Geld haben. Die, die keins haben, sprechen auch nicht darüber. Die, die keins haben, finden Ausreden, warum sie keins haben. Diese Ausreden kennst du:

- »Geld macht auch nicht glücklich.«
- »Lieber arm und gesund, als reich und krank.«
- »Ein guter Ruf ist wertvoller als Geld.« (Publilius Syrus, römischer Autor)

- »Reichtum besteht nicht darin, ein großes Vermögen zu besitzen, sondern wenige Wünsche zu haben.« (Epiktet, griechischer Stoiker)
- »Wahrer Reichtum besteht aus Gesundheit und nicht aus Gold- und Silberstücken.« (Mahatma Gandhi, indischer Freiheitskämpfer)

Wer so etwas ins Feld führt, warum er nicht zu Geld gekommen ist, der nutzt nur Ausreden. Es sind alles Begründungen von Menschen, die kein Geld haben, dafür, warum sie kein Geld haben. Doch am Ende hätten alle gern mehr Geld. 50 Prozent aller Ehen werden wegen Geldproblemen geschieden.

Was ist Geld? Geld ist für mich geprägte Freiheit. Mit Geld kannst du dir in den allermeisten Fällen Lösungen kaufen. Wenn du kein Geld hast, kannst du dir keine Lösungen kaufen. Sorge dafür, dass du Geld verdienst. Mach Geld zu einer Priorität in deinem Leben. Ich habe mich früher nie groß für Geld interessiert, und deswegen hatte ich auch keins. Ich habe als Jugendlicher ein Taschengeld bekommen und musste mich erst mit 17 Jahren das erste Mal selbst um Geld kümmern. Auch dann war Geld noch nicht so entscheidend. Mein Sport war mir immer wichtiger. Und ich war es gewohnt, von materiellen Dingen zu träumen, die ich gerne gehabt hätte und die ich nicht bekommen habe, weil ich kein Geld hatte. Heute ist das ganz anders. Früher habe ich mich auf Weihnachten oder meinen Geburtstag gefreut, weil ich dann voraussichtlich meine materiellen Wünsche erfüllt bekam. Heute kann jeder Tag Weihnachten oder Geburtstag für mich sein. Ich kaufe nicht alles sofort, aber wenn ich etwas haben möchte, dann kann ich es mir jetzt leisten. Ich bin nicht abhängig von anderen, und ich bin auch nicht abhängig von irgendeinem besonderen Tag im Kalender. Ich rate dir daher, kümmere dich um dein Geld.

Die für mich eindringlichste Geschichte der letzten Jahre hat mir eine Freundin nebenbei erzählt – und sie wusste gar nicht, welche Wirkung diese Geschichte auf mich hat. Sie hat mir von ihrem Nachbarn erzählt, der schon sehr alt ist. Er hatte schon viele Jahre neben ihr gewohnt. Früher war er immer mit seiner Frau unterwegs, doch die ist vor ein, zwei Jahren gestorben. Sie erzählte mir, dass die Frau einen neuen Herzschrittmacher brauchte. Sie musste zu ihrem Sachbearbeiter bei der Krankenkasse gehen und sich dort die Freigabe für einen neuen Herzschrittmacher geben lassen, inklusive Operation. Der Sachbearbeiter meinte aber, dass sich das möglicherweise nicht lohnen würde, weil sie schon so alt wäre. Deswegen musste sie zu verschiedenen Ärzten gehen und sich untersuchen lassen. Der Sachbearbeiter wollte erst eine Bestätigung von medizinischer Seite haben, dass sich das noch lohnt. Sie ist wochenlang von einer Untersuchung zur anderen gegangen – und hat schließlich den Herzschrittmacher bekommen. Diese Geschichte war für mich ein Augenöffner. Wenn ich oder ein wichtiger Mensch in meinem Leben irgendwann einmal eine bestimmte Operation benötigt, muss niemand von uns von einem Arzt zum anderen laufen, und wir sind auch nicht abhängig von dem Urteil eines Sachbearbeiters. Sondern ich habe genug Geld, um meine Operation oder die meines Familienangehörigen selbst zu bezahlen. Ob ich noch ein paar Jahre weiterlebe oder nicht, hängt nicht von dem Wohlwollen eines Sachbearbeiters ab.

Wenn du das jetzt liest, bist du jung. Was interessiert dich das? Doch vielleicht wird dir jetzt klarer: Es geht nicht nur darum, Geld für dich selbst zu verdienen, um dir damit Konsumwünsche zu erfüllen – tolle Reisen, ein schönes Haus, eine teure Uhr oder ein schnelles Auto (das im Unterhalt zusätzlich Geld kostet). Es geht auch darum, was du mit dem Geld für andere Menschen tun kannst. Wenn du viel Geld hast, kannst du anderen Menschen helfen. Wenn du kein Geld hast, kannst du auch helfen, aber längst nicht in diesen Größenordnungen. Deshalb: Mache Geld zu einer deiner Prioritäten. Denke regelmäßig darüber nach: Wie kannst du viel Geld verdienen? Kümmere dich um finanzielle Bildung.

Hier sind meine Buchtipps zu diesem Thema – in genau der Reihenfolge:

- *Ein Hund namens Money* von Bodo Schäfer
- *Reich werden und bleiben* von Dr. Dr. Rainer Zitelmann
- *Reicher als die Geissens* von Alex Fischer, das ich bereits erwähnt habe.

Lies diese drei Bücher und verstehe, wie das Geldspiel funktioniert. Je früher du damit anfängst, dich auch mit Geld zu beschäftigen, desto schneller hast du auch viel davon.

Bitte mache Dinge nicht nur, um schnell viel Geld zu verdienen und schnell reich zu werden. Mache Dinge aus Überzeugung und weil es deine Leidenschaft ist. Das Leben ist zu kurz, Dinge zu tun, die dir keine Freude bereiten, nur um damit Geld zu verdienen – ein ganz wichtiger Hinweis. Wenn du Geld zu einer deiner Prioritäten machst und dich regelmäßig damit beschäftigst, wirst du im Idealfall eine Tätigkeit finden, die dir viel Freude macht und Erfüllung gibt und mit der du gleichzeitig Geld verdienst.

Finanzielle Freiheit und passives Einkommen

Lass mich noch zwei Dinge klären, die häufig von jungen Menschen genannt werden, die aber oft falsch verstanden werden.

Das erste Stichwort lautet *finanzielle Freiheit*. Was ist finanzielle Freiheit? Das bedeutet, dass du von deinen Kapitaleinkünften gut leben kannst. Das heißt, du hast versteuertes Nettovermögen, das du in Aktien, Fonds oder beispielsweise Immobilien anlegst. Und jetzt erwirtschaftest du damit Dividenden, Kursgewinne und Mieteinnahmen, möglicherweise auch Einnahmen aus dem Handel mit Immobilien, weil sie im Wert gestiegen sind. Wenn dieses Geld ausreicht, dass du nur von den Erträgen leben kannst, ohne an die Substanz zu gehen, nennt man das finanzielle Freiheit. Wie viel Geld das sein muss, kommt darauf an, wie viel du brauchst. Manchen reichen 3000 Euro im Monat, andere brauchen 10 000 oder 15 000 Euro.

Denke auch an das sogenannte Parkinson-Prinzip: Du stellst beispielsweise zu Hause einen neuen Schrank mit vielen Fächern in die Ecke. Doch eigentlich benötigst du keinen neuen Schrank. Nach einem halben Jahr schaust du in die Fächer und siehst, dass sie voll sind – obwohl du den Schrank gar nicht brauchtest. Die Fächer füllen sich im Laufe der Wochen. Schließlich ist ja genug Platz da, der genutzt werden kann. Dieses Prinzip gibt es in vielen Bereichen des Lebens und eben auch beim Thema Geld: Wenn du 3000 Euro im Monat verdienst, hast du normalerweise einen Lebensstandard und Kosten in der gleichen Größenordnung. Wenn du 10 000 Euro nach Hause bringst, sieht es genauso aus. Du erhöhst deinen Lebensstandard und verbrauchst jeden Monat mehr Geld. Am Ende bleibt wieder nichts übrig – achte darauf.

Das nächste Stichwort heißt *passives Einkommen.* »Hallo Dirk, ich bin 15 und möchte mir ein passives Einkommen aufbauen.« Hallo? Baue dir erst einmal ein aktives Einkommen auf. Verdiene erst mal Geld, bevor du darüber nachdenkst, dir ein passives Einkommen aufzubauen. Ein passives Einkommen ist wieder das, was mit der finanziellen Freiheit beschrieben ist; nur dass du noch nicht davon leben kannst. Vielleicht kaufst du eine Eigentumswohnung und vermietest diese. Dann hast du ein passives Einkommen, weil du jeden Monat Miete von deinem Mieter erhältst. Oder du hast in Aktien investiert und diese Aktien steigen, dann sind deine Kursgewinne beim Verkauf dein passives Einkommen. Du hast nicht aktiv dafür gearbeitet. Das hört sich so einfach an, aber ein richtiges passives Einkommen – im Sinne von automatisch und nichts tun – gibt es nicht; und zwar vor allem, weil alle wirtschaftlichen Aktivitäten und Geldanlagen mit einem Risiko und möglichen Verlusten verbunden sind. Ich habe viele Menschen um mich herum, die passive Einkommensströme haben. Aber das ist nicht so, wie du dir das gerade vorstellst. Wer ein Aktiendepot hat, muss immer wieder kontrollieren, ob er in die richtigen Unternehmen investiert hat. Er muss ständig auf den Kurs schauen und das Depot umschichten, er verkauft Aktie A, kauft dafür Aktie B, reduziert seine Beteiligung bei Aktie C und erhöht sie bei Aktie D. Das muss regelmäßig gemacht werden und heißt *aktiv managen.* Du kannst das von jemandem machen lassen, der das hauptberuflich tut. Doch den musst du bezahlen, und er hat auch nicht immer ein glückliches Händchen. Dann kann es sein, dass du viel Geld verlierst.

Investmentziele: deine Bildung und Persönlichkeit

Noch ein dritter Gedanke zu häufig gestellten Fragen: »Dirk, worin soll ich jetzt investieren? Ich bin 18 Jahre alt und habe 15 000 Euro. Immobilien oder Aktien, was rätst du mir?«

Was ich dir rate? Ich rate dir, in die wichtigste Aktie zu investieren, die es gibt, nämlich in dich selbst, in deine Persönlichkeitsentwicklung und Bildung. 15 000 Euro sind nicht so viel Geld, und die beste Rendite erzielst du, wenn du dir die richtigen Bücher kaufst, die richtigen Online-Kurse durcharbeitest, auf die richtigen Kongresse und Seminare gehst und dort lernst, eine wertvolle Persönlichkeit zu sein. Darin solltest du investieren und nicht in Aktien oder Immobilien. Erst mal in dich. Grundsätzlich empfehle ich dir, bevor du dir große Gedanken etwa zu Kapitalanlagen machst, dass du erst einmal darüber nachdenken solltest, *wie* du viel Geld verdienen kannst. Wenn du dann einmal 100 000 Euro auf dem Konto hast, kannst du dir Gedanken machen, wie du das Geld sinnvoll anlegst. Aber verdiene erst mal aktiv richtig gutes Geld, beschäftige dich zuerst damit.

Lerne zu verkaufen

Erinnerst du dich an die Aussage meines Kollegen auf die Frage, was wir unseren Kindern gerne hinterlassen wollen? Er sagte, Selbstbewusstsein, Selbstvertrauen und der dritte Punkt ist, »gut verkaufen zu können«. Denn das Leben ist viel einfacher, wenn du verkaufen kannst.

Was ist verkaufen?

Wenn du »verkaufen« liest, denkst du: »Oh mein Gott, die Passage kann ich überspringen. Das brauche ich nicht.« Warte ab, es ist das vielleicht wichtigste Unterkapitel in diesem Buch und daher auch der krönende Abschluss – weil es eine Klammer um so viele Lebensbereiche und Herausforderungen bildet, so wie ich es auch im Unterkapitel *Fehler im System* zur Jobsuche bereits erklärt habe. Denken wir etwas über das Wort nach. Ein anderer Begriff für »verkaufen« ist »überzeugen«. Andere Menschen zu überzeugen, etwas zu tun oder nicht zu tun. *Überzeugen* hört sich schon ganz anders an. Überzeugen finde ich gut, ich will auch überzeugen oder andere Menschen motivieren, etwas zu tun oder zu lassen. *Motivieren* ist ebenfalls ein passendes Wort. Oder aber anderen Menschen zu *helfen*, ihre Ziele zu erreichen, ihr Leben einfacher zu machen, sicherer zu machen, ihre Wünsche zu erfüllen. Ja, *helfen* ist auch großartig, und alle drei Begriffe meinen das Gleiche, nämlich verkaufen. Nur, dass sie ein besseres Image haben.

Life is a sales talk, sagen die Amerikaner – das Leben ist ein Verkaufsgespräch. Tatsächlich verkaufen wir immer und überall. Verkaufen ist zielgerichtete Kommunikation, nichts anderes:

- Du möchtest einen Ferienjob haben – dann musst du dich verkaufen. Du musst deinen Ansprechpartner davon überzeugen, dass du der Richtige für diesen Ferienjob, zuverlässig und fleißig bist, dass es Spaß macht, mit dir zusammenzuarbeiten. Du musst ihn überzeugen, du musst dich verkaufen.
- Du meinst, dass du ungerecht behandelt worden bist in der Schule, dass der Lehrer dir die Noten nicht deiner Leistung entsprechend gegeben hat. Du willst mit ihm

nachverhandeln, möchtest deine Argumente bringen, warum du bessere Noten verdient hast – du verkaufst. Du willst ihn überzeugen, du willst ihn motivieren – du verkaufst.

- Du möchtest eine Ausbildung machen und brauchst einen Ausbildungsplatz. Dazu rufst du in einem Unternehmen an, sprichst mit dem Chef und erklärst ihm, warum du der richtige Auszubildende bist. Er sagt dir, dass in diesem Jahr alle Ausbildungsplätze vergeben sind, und nun musst du ihn überzeugen, einen weiteren Ausbildungsplatz zu schaffen und zu finanzieren oder einem anderen abzusagen, damit du die Ausbildung dort machen kannst – du verkaufst.
- Du willst am Wochenende auf eine Party gehen und möchtest am besten noch bei Freunden übernachten. Deine Eltern wollen das nicht, weil sie deine Freunde nicht kennen, weil die Party so weit weg stattfindet und weil sie dann keine Kontrolle über dich haben. Also musst du deine Eltern überzeugen – und überzeugen heißt verkaufen. Du musst dich verkaufen, deine Ziele und deine Wünsche.
- Du bist gerade Single und möchtest gerne jemanden kennenlernen, eine Frau, einen Mann. Ich nennen das »Sozialakquise«. Du verkaufst dich, natürlich. Du willst die Frau oder den Mann davon überzeugen, dass sie oder er dir die Handynummer gibt, sich mit dir noch mal verabredet, mit dir zusammen ins Kino geht, etwas essen geht, tanzen geht oder was auch immer – du verkaufst. Du willst dein Gegenüber motivieren, mit dir Zeit zu verbringen, davon überzeugen, dass du der richtige Partner bist.

- Und später, wenn du deinen Job hast, wie viel Geld verdienst du dann im Monat? Du bekommst nicht das, was du verdienst, sondern du bekommst das, was du verhandelst. Du wirst es später erleben, in der Karriere eines Angestellten, dass es Kollegen gibt, die weniger leisten als du, die noch nicht so lange im Unternehmen sind, die noch nicht so viel Erfahrung haben und die aber trotzdem jeden Monat mehr Geld verdienen als du. Ungerecht? Vielleicht, aber in Wirklichkeit konnte sich der Kollege oder die Kollegin einfach besser verkaufen.
- Du möchtest später ein Start-up gründen und möchtest Unternehmer sein. Dann musst du die Bank davon überzeugen, dass sie dir Kapital gibt – du verkaufst dich.
- Und selbst wenn du dann beim Bewerbungsgespräch auf der anderen Seite des Tisches sitzt, musst du verkaufen. Denn du willst Mitarbeiter einstellen und musst den Bewerbern erklären, warum es sich lohnt, für so wenig Geld ausgerechnet bei dir zu arbeiten.

Du hast Produkte und Dienstleistungen, für die Kunden Geld bezahlen sollen. Das hast du bisher unter Verkaufen verstanden, nur das. Du hast gerade gesehen, es sind fast ein Dutzend Beispiele aus dem Alltag, wo du auch verkaufst. Deshalb ist dieses Kapitel so unfassbar wichtig. Wenn du deine Ziele erreichen willst, wenn du sie schneller erreichen willst, brauchst du dabei die Hilfe anderer Menschen. Das heißt, du musst anderen Menschen klarmachen, warum sie dich unterstützen sollen, warum sie in dich investieren sollen – lerne also zu verkaufen.

Eine meiner Lieblingsgeschichten – ich habe sie von einem Kollegen: Es geht um den Freund seiner Tochter, er heißt Daniel. Daniel ist Mitte, Ende Zwanzig und IT- und Softwarespezialist. Daniel hat eine coole App entwickelt. Doch Daniel sagt selbst, dass er nicht so der Verkäufertyp ist. Und wenn du ihm zuhörst, weißt du, verkaufen ist für ihn ganz weit unten in der Nahrungskette. Er braucht jetzt also Investoren und Leute, die den Vertrieb machen. Er trifft sich mit zwei gestandenen Verkäufern, die auch beide bereit sind, sein Start-up, seine Idee zu finanzieren und den Vertrieb zu übernehmen. Man wird sich schnell einig und will eine gemeinsame GmbH gründen, jetzt geht es um die Verteilung der Anteile.

Daniel kommt nach Hause und ist empört, aufgebracht, außer sich. Die beiden Partner sind die richtigen, sie wissen was sie tun, sie haben das Geld, sie können alles finanzieren, sie haben die Kontakte, sie werden schnell neue Kunden finden für die App und das Unternehmen so zum Erfolg führen. Doch wie viel Prozent haben sie Daniel angeboten, in der gemeinsamen Firma, was schätzt du? Was ist fair, was ist gerecht? Sie haben Daniel 5 Prozent angeboten, deshalb ist Daniel so enttäuscht und empört. Er sagt: »Ohne meine Idee würde die Firma gar keine Grundlage haben.« Deswegen findet er 5 Prozent viel zu wenig.

Nun, wenn Daniel mich gefragt hätte, hätte ich ihm 2 Prozent angeboten. Denn was du aus diesem Beispiel lernen kannst, ist, wenn du etwas nicht verkaufen kannst, ist es nichts wert. Ob etwas einen Wert hat und wie hoch dieser Wert ist, das entscheidet immer der Kunde. Das geschieht immer aus dem Blickwinkel des Kunden. Es ist deine Aufgabe und deine Leistung, so zu kommunizieren, dass es im Kopf deines Kunden als besonders hochwertig und wertvoll wahrgenommen

> Wir verkaufen immer und überall. Lerne es!

wird. Wenn du das nicht kannst, findest du entweder keine Kunden oder du bekommst viel weniger Geld für deine Leistung, als du bekommen könntest. Also – lerne zu verkaufen.

In Deutschland herrscht der Irrglaube, dass ein Produkt oder eine Dienstleistung einfach nur gut sein müssen und dann verkaufen sie sich von allein. Das ist Unsinn. Nichts verkauft sich von allein. Du bist der bessere Kandidat für einen Ausbildungsplatz, du hast bessere Noten, du interessierst dich mehr dafür als die anderen, du willst es viel stärker – und doch bekommst du nicht den Ausbildungsplatz, sondern jemand anderes, der eben keine Bewerbung geschickt hat, sondern angerufen hat, der keine Bewerbung geschickt hat, sondern seine Kontakte hat spielen lassen und über Beziehungen an den Chef rangekommen ist. Jetzt kannst du sagen, das ist ungerecht. Nein, das ist nicht ungerecht! Nicht das bessere Produkt wird gekauft, sondern das, was besser vermarktet wird. Gibt es gesündere Energy Drinks als Red Bull? Ja, natürlich. Gibt es günstigere Energy Drinks als Red Bull? Na klar. Gibt es Energy Drinks, die besser schmecken? Auf jeden Fall – und trotzdem ist Red Bull Marktführer, mit großem Abstand, weil sie es einfach besser verkaufen.

Hast du schon mal ein Entenei gegessen? Noch nicht? Es ist auch gar nicht so einfach, an ein Entenei ranzukommen. Enteneier gibt es fast nur auf speziellen Wochenmärkten. Enteneier sind größer als Hühnereier, Enteneier sind gesünder als Hühnereier, und Enteneier schmecken besser als Hühnereier. Gut, du kannst das noch nicht beurteilen, weil du noch keins gegessen hast, und trotzdem sind die Hühner mit ihrem schlechteren Produkt Marktführer im Supermarkt. Warum? Weil eine Ente ein Ei legt und anschließend geht das Tier schwimmen. Mehr passiert da nicht. Ein Huhn legt ein Ei, und anschließend gackert das Vieh ganz laut herum, sodass alle mitbekommen, dass es ein Ei gelegt hat. Das nennt man dann Marketing und Vertrieb. Bitte, dieses Beispiel ist mit einem Augenzwinkern zu lesen, aber das Prinzip ist klar. Ich wiederhole daher: Es reicht nicht, dass du die beste Ausbildung hast, es reicht nicht, dass du hoch motiviert bist, du musst es auch kommunizieren können.

Vergiss nie: Es gibt zwei Arten von Menschen. Die, die rausgehen und sich holen, was sie haben wollen und all die anderen. Gehöre zur ersten Gruppe. Lerne verkaufen.

5. Fazit

Das Buch habe ich für meine Kinder Lia und Ben und für euch alle geschrieben. Viele Erkenntnisse darin hättet ihr euch früher oder später sicher selbst erarbeitet – aber meist Jahre, nachdem ihr sie gebraucht hättet, um richtige Weichenstellungen, ja Lebensentscheidungen vorzunehmen. Ich jedenfalls wünschte, ich hätte mit 18 solch ein Buch lesen können. Dabei kann ich nicht einmal behaupten, dass ich irgendwo komplett falsch abgebogen wäre. Aber hätte ich ein paar Leitplanken mehr gehabt, hätte ich viel Zeit gespart, vielleicht sogar einige Jahre. Zum Glück ist es in unserer modernen Welt fast nie zu spät, umzusteuern. Doch verlorene Lebenszeit kann dir niemand zurückgeben.

Liebe Leserin, lieber Leser, mein Buch hat euch hoffentlich Orientierung gegeben. Manches mag je nach Alter für euch noch nicht wichtig sein. Nehmt das Buch daher immer wieder in die Hand und lest die für euch bedeutsamen Kapitel. Alle Punkte und Empfehlungen in diesem Buch sind wichtig. Klar, sonst hätte ich sie nicht aufgeschrieben. Manche aber sind zentral:

- Ziehe frühzeitig aus.
- Gehe ins Ausland.
- Lebe deine Träume, erkenne deine Neigungen und Talente, denke in ganz großem Maßstab – und habe dabei immer die Zukunft im Blick: du in 20, 30 Jahren.

- Suche dir einen Mentor, den du immer wieder um Rat fragen kannst und der dich von Meilenstein zu Meilenstein begleitet.
- Lies so viel wie möglich, vor allem auch die empfohlenen Bücher und bilde dich ständig weiter.
- Denke vom Ende her – vor allem bei bedeutsamen Entscheidungen wie Beruf und Studium – und habe bei beruflichen Themen besonders auch den Arbeitsmarkt und den gesellschaftlichen Wandel im Blick.
- Suche dir die richtigen Freunde und bilde dir ein Netzwerk – und es liegt in der Natur eines Netzwerks, dass man es frühzeitig aufbaut und ausbaut, um es später zu nutzen.
- Lerne zu verkaufen und erkenne, dass du in etlichen Lebensbereichen und Alltagssituationen ein Verkäufer in eigener Sache bist.

Dabei sind meine Erfahrungen, Regeln und Statements – und die der anderen Experten – nichts, was ihr eins zu eins kopieren solltet. Ihr müsst euren eigenen Weg gehen, auch (manchmal schmerzhafte) Erfahrungen und Fehler selbst machen, die wichtiger Teil eures Reifeprozesses sind. Doch mit diesem Buch fällt euch vieles leichter oder ihr erkennt euch in einer Situation sogar wieder und werdet bestätigt. Das Buch hat euch einen roten Faden gespannt. Am Ende seid ihr es aber, mit euren ureigenen Entscheidungen, die ihr euer Leben prägt und den Weg zum persönlichen Glück geht.

Ich hoffe, dieses Buch hat euch gefallen und ihr konntet viel für euch mitnehmen.

Mein Tipp: Schaut euch die YouTube-Videos zu den Themen in diesem Buch unbedingt noch einmal an. Vielleicht seid ihr auch jemand, der das Geschriebene gern noch mal anhört. Es gibt natürlich noch viel mehr Videos als die, die ich euch hier aufgelistet habe. Schaut auch dort einmal rein. Viel Spaß dabei!

Und ich freue mich besonders, wenn ihr meinen Kanal abonniert, um künftig keine Videos mehr zu verpassen.

Euer
Dirk Kreuter

Wichtige Videos

- Über mich: http://bit.ly/wer-ist-dirk
- Das *18-Jahre-Video*: http://bit.ly/18-jahre-video
- So bin ich Verkäufer geworden: http://bit.ly/so-bin-ich-verkäufer-geworden
- *Das wichtigste Video Deines Lebens – der Weg zum Traumberuf*: https://www.youtube.com/watch?v=aK7NIy1vFRs

Die zusammengefassten Buchtipps

- Dirk Kreuter: *Entscheidung: Erfolg*
- Lothar Seiwert und Friedbert Gay: *Das 1 × 1 der Persönlichkeit*
- Alex Fischer: *Reicher als die Geissens*
- Bodo Schäfer: *Ein Hund namens Money* – und andere Bücher von ihm
- Dr. Dr. Rainer Zitelmann: *Reich werden und bleiben* – und andere Bücher von ihm
- Napoleon Hill: *Der geheime Weg zu Freiheit und Erfolg: Wie man den Teufel in sich selbst besiegt*
- Rhonda Byrne: *The Secret*
- Robert Greene: *Die 48 Gesetze der Macht*

Der Autor

Dirk Kreuter ist einer der einflussreichsten Vordenker zu den Themen Vertrieb, Verkauf und Akquise. Als CSP – Certified Speaker Professional, Trainer des Jahres, Speaker of the year und mehrfach ausgezeichneter TOP Consultant begeistert er jährlich bis zu 40 000 Teilnehmer mit seiner »Vertriebsoffensive«.

Factsheet

- Jährlich 40 000 Teilnehmer live in Präsenzseminaren und Vortragsveranstaltungen
- Top-Consultant 2013/14/15
- Speaker of the year 2011
- Trainer des Jahres 2010
- Gastdozent an mehreren deutschen Hochschulen
- hält den Weltrekord für das größte Verkaufstraining (Guinness Buch der Rekorde 2018)
- Mit € 75 000 Tagessatz der höchst dotierte Verkaufstrainer in Europa
- mehr als 700 Folgen und fast 13 Millionen Downloads in seinem mehrfach ausgezeichneten Podcast (Tiger Award 2017 & 2018)

- mehr als 1 000 Videos und fast 12 Millionen Views in seinem YouTube-Channel
- mit seinem Buch »Umsatz Extrem« auf der Bestsellerliste des ManagerMagazin
- 200 000er Auflage seines Bestsellers »Entscheidung: Erfolg«
- Marktführer in Europa mit über 40 000 Anmeldungen für sein Event »Vertriebsoffensive« seit 2018
- Seine Events und Medien werden von über 20 000 Vertriebs- und Affiliatepartnern empfohlen
- Mit »Bestseller Training« bietet er den umfangreichsten Online-Kurs in deutscher Sprache zu den Themen Verkauf, Führung, Mindset und Marketing: über 1 000 Videos
- Etwa 60 Mitarbeiter unterstützen ihn und seine Kunden im Exzenterhaus in Bochum.
- Privat: Zum zweiten Mal glücklich verheiratet, zwei Kinder, Jahrgang 1967, lebt in Dubai.

Webseite: www.dirkkreuter.de
Podcast: iTunes / Android
Youtube: dirkkreuter

High Performance Habits

Brendon Burchard

Brendon Burchard war besessen davon, drei Fragen zu beantworten: Warum haben manche Menschen schneller Erfolg als andere und das auch langfristig? Warum sind einige dabei unglücklich, andere stets glücklich? Und: Was motiviert sie zu mehr Erfolg, und welche Praktiken helfen am meisten? Nach 20 Jahren als weltweit führender High Performance Coach war klar: Es sind sechs Gewohnheiten, die den entscheidenden Vorteil bringen. Diese kann jeder praktizieren, unabhängig von Alter, Karriere und Persönlichkeit. Neueste wissenschaftliche Erkenntnisse und Alltagspraktiken veranschaulichen, wie sie jeder JETZT umsetzen kann.

400 Seiten | Softcover | 19,99 € (D) | 20,60 € (A) | ISBN 978-3-95972-321-3

Was ich mit 20 Jahren gerne über Geld, Motivation, Erfolg gewusst hätte

Mario Lochner

Viele plagen sich lange Jahre im Beruf, um dann festzustellen, dass sie doch nicht das tun, was sie erfüllt und womit sie erfolgreich sind. Mario Lochner, erfolgreich mit dem Youtube-Kanal »Mission Money«, weist den Weg zur Überholspur im Leben. Im ersten Teil des Buches geht es darum, wie man seine persönliche Motivation im privaten und beruflichen Bereich findet. Im zweiten Teil gibt der Autor dem Leser die Erfolgswerkzeuge an die Hand, die er maßgeschneidert für sich anwenden kann. Im dritten Teil schließlich geht es darum, wie man mit nur wenigen Stunden pro Jahr ein finanzielles Fundament für die Rente aufbaut.

304 Seiten | Softcover | 16,99 € (D) | 17,50 € (A) | ISBN 978-3-95972-277-3

Das 5-Tage-Wochenende

Nik Halik, Garrett Gunderson

Viele Menschen wollen mehr vom Leben und wissen, dass es einen besseren Weg gibt, das ihre zu leben. Und doch stecken viele in ihrem Nine-to-Five-Arbeitsalltag fest, fristen ihr Dasein nach den Regeln anderer und fragen sich eines Tages, wo ihr Leben geblieben ist. Das 5-Tage-Wochenende bietet einen Ausweg aus der Sackgasse. Es zeigt, wie sich durch den Aufbau eigener Unternehmen und clevere Investmentstrategien regelmäßige, passive Einkommensströme generieren lassen, sodass finanzielle und persönliche Unabhängigkeit erreicht und die Konzentration auf die großen Lebensziele möglich wird. Damit fokussiert es sich auf Möglichkeiten, die eigenen Finanzen zu straffen und ein regelmäßiges, unabhängiges Einkommen aufzubauen, bis dies dem eigenen gewünschten Lebensstandard entspricht.

368 Seiten | Softcover | 16,99 € (D) | 17,50 € (A) | ISBN 978-3-95972-250-6

Rebellion im Hamsterrad

Niclas Lahmer

Im Ferrari die Küste der Algarve hinunterfahren, in der First Class für den Preis der Holzklasse fliegen und mit 5 Stunden Arbeit mehr Geld verdienen als die meisten Manager mit einer 70-Stunden-Woche – wer will das nicht? Die Möglichkeit, das Leben außerhalb des Gewöhnlichen zu erleben, dem alltäglichen Hamsterrad zu entkommen, bleibt den meisten verwehrt. Doch das muss nicht sein! Niclas Lahmer zeigt in seinem neuen Buch, wie Sie mehr finanzielle und persönliche Freiheit erlangen können, indem Sie sich aus den Zwängen gesellschaftlicher Glaubenssätze befreien. Raus aus der Knechtschaft des Geistes, des Konsums, des Kapitals und der Zeit, damit mehr Zeit für das Wesentliche und für ein erfülltes Leben bleibt!

320 Seiten | Hardcover | 18,99 € (D) | 19,60 € (A) | ISBN 978-3-95972-268-1

EGO

Julien Backhaus

Es gibt ihn, den guten Egoismus. Julien Backhaus bricht in diesem Buch eine Lanze für eine Form der Selbstbezogenheit, die nicht nur dem Anwender, sondern auch seinen Mitmenschen hilft. Sein Argument: Nur wer stark ist, kann andere stark machen. Nur wer hat, kann auch geben. Der Leser erfährt, was Gelehrte wie der Dalai Lama und Superreiche wie Warren Buffett darüber denken und wie jeder den guten Egoismus für sein eigenes Lebensglück einsetzen kann. Mehr Erfolg in der Beziehung, im Job und im Leben generell gute Egoisten leben diesen Traum bereits. Ein Plädoyer dafür, die Vorzüge von gesundem Egoismus zu erkennen und seine eigene Agenda zu verfolgen.

240 Seiten | Hardcover | 18,99 € (D) | 19,60 € (A) | ISBN 978-3-95972-302-2

Life to the Max

Philipp Maximilian Scharpenack

Philipp Maximilian Scharpenack nimmt den Leser mit auf seine abenteuerliche Lebensreise, die ihn zu dem Punkt brachte, an dem er heute steht. Mit Anfang 30 arbeitet er vier Stunden in der Woche und ist finanziell komplett unabhängig. Doch auch er startete zunächst mit nichts außer Schulden, Mut und dem unbändigen Willen etwas zu erreichen. Er wanderte nach China aus, um dort völlig ohne Kapital sein erstes Unternehmen zu gründen. Es folgte der Aufbau der Netzwerkveranstaltung »Gründerpokern«, der deutschlandweit bekannten Eismarke »Suck It«, eines Immobilienportfolios, das Management eines Pokersuperstars – und jede Menge Abenteuer, die ihn um die ganze Welt führten.

256 Seiten | Softcover | 17,99 € (D) | 18,50 € (A) | ISBN 978-3-95972-315-2